彩图 1 87-1

彩图 2 京蜜

彩图 3 华葡 2 号

彩图 4 夏黑

彩图 5 香妃

彩图 6 火焰无核

彩图 7 森田尼无核

彩图 8 奥古斯特

彩图 9 维多利亚

彩图 10 金手指

彩图 11 巨峰

彩图 12 巨玫瑰

彩图 13 藤稔

彩图 14 玫瑰香

彩图 15 意大利

彩图 16 克瑞森无核

彩图 17 红地球

彩图 18 秋黑

彩图 19 赤霞珠

彩图 20 品丽珠

彩图 21 梅鹿辄

彩图 22 霞多丽

彩图 23 雷司令

彩图 24 黑比诺

彩图 25 西拉

彩图 26 法国蓝

彩图 27 桑娇维赛

彩图 28 华葡 1 号

彩图 29 烟 74

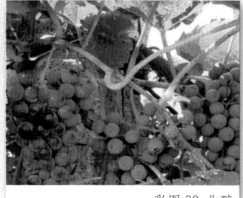

彩图 30 北醇

彩图 31 公酿 1 号

彩图 32 双优

彩图 33 左优红

彩图 34 北冰红

彩图 35 康可

彩图 36 康早

彩图 37 蜜汁

彩图 38 玫瑰露

彩图 39 紫玫康

彩图 40 柔丁香

彩图 41 尼力拉

彩图 42 无核白

彩图 43 无核红

彩图 44 牛奶

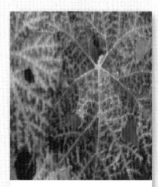

彩图45 氮缺乏症状 　　彩图46 氮过剩症状（水罐子病）　　彩图47 磷缺乏症状

彩图48 钾缺乏症状 　　　彩图49 钙缺乏症状 　　　　　彩图50 镁缺乏症状

彩图51 硼缺乏症状

彩图 52 锌缺乏症状

彩图 53 铁缺乏症状

彩图 54 锰缺乏症状

彩图 55 氯中毒症状

一本书明白

葡萄
速丰安全高效
生产关键技术

YIBENSHU

MINGBAI

PUTAO

SUFENGANQUANGAOXIAO

SHENGCHANGUANJIANJISHU

王海波　刘凤之　主编

"十三五"国家重点
图书出版规划

新型职业农民书架·
种能出彩系列

山东科学技术出版社　山西科学技术出版社　中原农民出版社
江西科学技术出版社　安徽科学技术出版社　河北科学技术出版社
陕西科学技术出版社　湖北科学技术出版社　湖南科学技术出版社
中原农民出版社　　　　　　　　　　　　　联合出版

图书在版编目（CIP）数据

一本书明白葡萄速丰安全高效生产关键技术/王海波，刘凤之主编.—郑州：中原农民出版社，2019.8

（新型职业农民书架·种能出彩系列）

ISBN 978-7-5542-2072-6

Ⅰ.①一… Ⅱ.①王… ②刘… Ⅲ.①葡萄栽培 Ⅳ.①S663.1

中国版本图书馆CIP数据核字(2019)第169901号

编 委 会

主 编 王海波 刘凤之

副主编 王孝娣 郝志强

参编者 （按姓氏笔画排序）

王志华 王志强 王宝亮 史祥宾 刘万春

刘文海 何锦兴 郑晓翠 冀志蕊 魏长存

顾 问 汪景彦

一本书明白葡萄速丰安全高效生产关键技术

主 编 王海波 刘凤之

出版发行	中原农民出版社
	（地址：郑州市祥盛27号 邮编：450016）
电 话	0371-65788677
印 刷	河南育翼鑫印务有限公司
开 本	787 mm×1 092 mm 1/16
印 张	8
彩 插	8
字 数	129千字
版 次	2019年10月第1版
印 次	2019年10月第1次印刷
书 号	ISBN 978-7-5542-2072-6
定 价	39.90元

目录
Contents

一、高标准建葡萄园

1. 葡萄园园址选择时一般需要考虑哪些因素?

在进行葡萄园园址选择时一般需考虑如下因素:①根据土壤和环境条件选择园址;②根据气候特点选择园址;③根据生产目的选择园址;④根据栽培模式选择园址;⑤根据前茬作物选择园址。

2. 葡萄园如何根据土壤和环境条件选择园址?

新建葡萄园前,必须充分考虑葡萄生长对土壤和环境的要求,只有在满足葡萄生长发育所需的土壤和环境条件的地方建园时,才能生产出优质的葡萄果品。

图1 山坡地建园

图2 山坡地避雨栽培建园

葡萄除含盐量较高的盐土外,在各种土壤上都可正常生长,如沙荒、河滩、盐碱地和山石坡地等,但是不同的土壤条件对葡萄的生长和结果有不同的影响。同样的葡萄品种,在同样的气候条件下,因为土质的关系可以表现出完全不同的风味。葡萄对土壤的适应性很强,在半风化的含沙砾较多的粗骨土上也可正常生长,并可获得较高的产量。虽然葡萄的适应性较强,但不同品种对土壤酸碱度的适应能力有明显的差异:一般欧洲种在石灰性的土壤上生长较好,根系发达,果实含糖量高、风味好,在酸性土壤上长势较差；而美洲种和欧美杂交种则较适应酸性土壤，在石灰性土壤上的长势就略差。土壤耕层厚度 50cm 以上、pH 6.0～7.5 的土壤较适宜葡萄生长。此外，山坡地由于通风透光，往往较平原地区的葡萄高产，品质也好。如图 1、图 2 所示。

除考虑葡萄的生物学习性对土壤和环境的要求外，还要考虑安全生产对土壤和环境条件的要求。只有按农业行业标准《绿色食品　产地环境质量》(NY/T 391—2013)、《无公害食品　鲜食葡萄产地环境条件》(NY 5087—2002)的规定，由专业检测部门对初选园址的土壤、空气、灌溉水等进行检测，检测合格的方可选定为建园园址。《绿色食品　产地环境质量》(NY/T 391—2013)的具体标准见表 1、表 2 和表 3。

表 1　环境空气质量要求

项目	浓度限值	
	日平均	1h 平均
总悬浮颗粒物（标准状态）（mg/m³）≤	0.30	-
二氧化硫（标准状态）（mg/m³）　≤	0.15	0.50
二氧化氮（标准状态）（mg/m³）　≤	0.12	0.24
氟化物（标准状态）（μg/m³）　≤	7	20

注：日平均指任何 1 日的平均浓度；1h 平均指任何 1 小时的平均浓度。

表 2　灌溉水质的标准

项目	浓度限值
pH	5.5～8.5
总汞 (mg/L)　　≤	0.001
总镉 (mg/L)　　≤	0.005
总砷 (mg/L)　　≤	0.1
总铅 (mg/L)　　≤	0.1
挥发酚 (mg/L)　　≤	1.0
氰化物（以 CN⁻ 计）(mg/L) ≤	0.5
石油类 (mg/L)　　≤	1.0

表3 土壤环境质量要求

项目	含量限值		
	pH<6.5	pH 为 6.5 ~ 7.5	pH>7.5
总镉 (mg/ kg) ≤	0.30	0.30	0.60
总汞 (mg/ kg) ≤	0.30	0.50	1.0
总砷 (mg/ kg) ≤	40	30	25
总铅 (mg/ kg) ≤	250	300	350
总铬 (mg/ kg) ≤	150	200	250
总铜 (mg/ kg) ≤	400		

注：表内所列含量限值适用于阳离子交换量 > 5cmol/kg 的土壤，若 ≤ 5cmol/kg，其含量限值为表内数值的半数。

3. 葡萄园如何根据气候特点选择园址？

建园前，还要考虑当地的气候，如当地的年平均降水量、极端低温、极端高温、最低温月份的平均温度、最高温月份的平均温度和 1 年内 ≥ 10℃的积温等，是否适合葡萄品种的生长发育。

露地葡萄经济栽培区的活动积温（≥ 10℃日均温的累积值）一般不能少于 2 500℃，即使在这样的地区，也只能栽培极早熟或早熟品种。根据许多科学家大量的研究证实，不同品种从萌芽至浆果成熟所需的 ≥ 10℃活动积温不同，极早熟品种需 2 100 ~ 2 500℃，早熟品种需 2 500 ~ 2 900℃，中熟品种需 2 900 ~ 3 300℃，晚熟品种需 3 300 ~ 3 700℃，极晚熟品种需 3 700℃以上。

4. 葡萄园如何根据生产目的选择园址？

选择园址时还要考虑果品用途。若用于鲜食，应把葡萄园建在城市近郊或靠近批发市场或冷库，这样既能利于市民节假日观光采摘，又能避免长途运输，减少损失；若用于酿酒或制汁，应把果园建在酿酒厂或果汁厂附近，或从园地到加工厂之间要有平坦通畅的公路，便于采收运输。

5. 葡萄园选择园址时为何调查前茬作物的种类？

调查的目的是调查前茬种植的作物是否与葡萄有忌讳或重茬。例如长期种植花生、地瓜、芹菜或者番茄、黄瓜等容易感染根结线虫的作物，要察看作物根系上是否有根结或腐烂；如果长期种植葡萄等果树也容易产生重茬障碍或毒害，最好先种两年豆科作物或其他绿肥进行土壤改良。此外，还要调查周边的防风林或自然植被，看是否有与葡萄共生的病虫害等发生。

6. 设施葡萄园选择园址时需遵循哪些原则？

设施葡萄园园址选择得好坏对温室或塑料大棚的结构性能、环境调控及经营管理等影响很大。因此，设施葡萄园园址的选择需遵循如下原则：①选择南面开阔、高燥向阳且避风、无遮阴且平坦、土壤质地良好、土层深厚、便于排灌的肥沃沙壤土地片构建设施，切忌在重盐碱地、低洼地和地下水位高及种植过葡萄的重茬地建园。②选择离水源、电源和公路等较近，交通运输便利的地块建园，但不能离交通干线过近。同时要避免在污染源的下风向建园，以减少污染和积尘。③在山区，可在丘陵或坡地背风向阳的南坡梯田构建温室，并直接借助梯田后坡作为温室后墙，这样不仅节约建材，降低温室建造成本，而且温室保温效果良好，经济耐用。④为提高土地利用率，挖掘土地潜力，结合换土与薄膜限根栽培模式，可在河滩或戈壁滩等荒芜土地上构建日光温室或塑料大棚，如在中国农业科学院果树研究所的指导下，新疆等地在戈壁滩上构建日

图3 节能日光温室

图4 戈壁滩建温室

图5 戈壁滩温室群

光温室，不仅使荒芜的戈壁滩变废为宝，而且充分发挥了戈壁滩的光热资源优势。如图3、图4、图5。

7. 葡萄园建园时如何进行规划与设计？

建立大型葡萄生产基地，在正确、合理地选择园址后，还要进行科学的规划和设计，以充分利用土地资源，进行现代化的管理，减少投资，提早投产，提高果实质量和产量，可持续地创造较理想的经济效益和社会效益。

（1）准备工作 首先搜集本地区的气象、水文、地质和果树资源等生态环境资料，然后到现场实地勘察，对地形、地貌、土壤、电源、水源和交通等详细情况进行调查，为绘制果园平面图和地形图打下基础；其次对国内外市场进行调查，了解国内外畅销的鲜食产品和加工的产品，筛选适合当地发展的葡萄品种；再次，掌握本地区葡萄的贮藏加工和交通运输能力以及当地的社会购买力等；最后，收集或测绘本地区的地形图，详细调查水源和社会劳动力等情况。

（2）园地规划与设计 ①电源和水源：在选择葡萄园地时，首先考虑电源、水源的问题。无论是提引河水，打井提水，还是温室、冷库，都离不开电源，所以电力建设是重中之重。葡萄生长期需水量较大，大面积发展葡萄生产必须具有水源条件，要靠近江、河、湖、水库或能打井取水，水质要适合葡萄生产的需要。②田间区划：对作业区面积大小、道路、灌排水渠系网和防风林都要统筹安排，根据地区经营规模、地形、坡向和坡度，在地形图上都要进行细致规划。作业区面积大小要因地制宜，平地 20～30 hm² 为一个小区，4～6 个小区为一个大区，小区以长方形为宜，长边与葡萄行向一致，以便于田间作业；山地以 10～20 hm² 为一个小区，以坡面等高线为界决定大区的面积，小区的边长应与等高线平行，有利于灌排水和机械作业。③道路系统：根据葡萄园总面积和地形、地势来决定道路等级。对于 100 hm² 以上的大型葡萄园以及观光采摘园，道路系统由主道、支道和田间作业道三级组成。主道设在葡萄园的中心，与园外公路相连接，贯通园内各大区和主要管理场所，并与各支道相通，组成园内交通运输网。要求能对开两排载重汽车或农用拖拉机，再加上路边的防风林，一般道宽 8～10 m，山地的主道可环山呈“之”字形建筑，上升的坡度以小于 7° 为宜。支道设在小区的边界，一般与主道垂直连接。田间作业道是临时性道路，多设在葡萄行间的空地，一般与支道垂直连接。随着标准化种植管理水平的提高和人工成本的节节攀升，机械化作业是发展的大趋势，因此，无论支道还是田间作业道都不宜太窄，最好宽 4 m 以上。为了提高利用效率，可设置棚架，占天不占地，给作业机械留足转弯半径，以便进行机械化作业。④灌水、排水系统：随着全球气候变暖，异常天气事件频繁发生，旱和涝瞬间转换，因此大规模葡萄园既需要设置灌溉系统，也需要设置排水系统。灌排水系统一般由主管道、支管道和田间管道三级组成。各级管道多与道路系统相结合，一般在道路的一侧为灌水管道，另一侧为排水管道，灌排水系统采用管道形式比传统的渠道灌排水系统节电、省水，效果更佳。南方地下水位高，需要修台地，可利用明沟或埋暗管排水。在水资源短缺地区，可在低洼处修建池塘或水窖拦截存积雨水，流经葡萄园的雨水携带大量速效氮磷钾元素，有时候可占施肥量的 1/3，因此利用雨水灌溉一举两得。⑤防风林：防护林或防风林，其主要作用一是防风，减少季风、台风的危害；二是阻止冷空气，减少霜冻的危害；三是调节小气候，减少土壤水分蒸发，增加大气湿度；四是增加葡萄园生物多样性，增加有益生物的同时减少有害生物的侵染。因此在绿色果品特别是有机栽培的葡萄园，要求有 5% 以上的园区面积是天然林或种植其他树木。防风林最好与道路结合，主林带要与当地主风向垂直，防风林带防风距离为林带高度的 20 倍左右，一般乔木树高为 8～10m，所以主林带之间距离多为400～500m，副林带间的距离为 200～400m。林带树种以乔、灌混栽组成透风型的防风林，防风效果较好。主林带栽 5～7 行，约 10m 宽；副林带为 3～4 行，约 6m 宽。防风林常用的乔木树种为杨树、旱柳、榆树、松柏、泡桐等，灌木树种有枸橘、紫穗槐、杞柳、荆条、花椒树等。需要注意避免种植易招引共同害虫的树木，如在斑衣蜡蝉发生严重的地区，需要刨除斑衣蜡蝉的原寄主臭椿，也避免种植香椿、刺槐、苦楝等。⑥园内设施：大型葡萄园里设有办公室、作业室、农机库、贮藏冷库、日光温室、水泵房、职工宿舍和畜禽舍等。

8．葡萄园建园时如何进行土壤改良？

深翻和增施有机肥是葡萄园建园时重要的土壤改良方法。

（1）北方葡萄产区 深翻是土壤改良的重要方法，譬如盖楼的地基。苗木根系能否深扎，能否抗旱、抗寒与深翻有很大关系。前作系精耕细作的田地，且土地平整、土层较厚的，可深耕 50～60cm，加深活土层；如果土层瘠薄或有黏板层，需要用小型挖掘机或人工开沟。开沟深度一般应达到 80cm 以上，宽度至少 80cm。将原耕作层（距地表约 30cm）放在一边，生土层放在另一边。

将准备好的作物秸秆（最好铡碎）施入沟内底层，压实后约5cm厚；将准备好的腐熟有机肥（羊粪最好，其次是鸡、鸭、鹅等禽粪，或兔、牛、猪等畜粪，每亩用量5 000～10 000 kg）部分与生土混匀，如果土壤偏酸则视情况加入较大量的生石灰或石膏，如果土壤偏碱则加入大量的酒糟、沼渣等能获得的酸性有机物料，混匀后填回沟内；剩下的有机肥与熟土混匀，适当加入钙镁磷肥等，填回沟内。如果土壤瘠薄，底层土壤较差，可将包括行间的熟土层全部铲起，和有机肥混匀后全部填回沟内，将生土补到行间并整平。对回填后的定植沟进行灌水沉实，促进有机肥料的腐熟，对于冬季需埋藤防寒地区，定植沟灌水沉实后沟面需比行间地面深30cm左右，利于越冬防寒。

（2）南方葡萄产区 关键制约条件是地下水位高，土壤黏重，容易积涝，因此搞好排水是基础；改良土壤，多施有机肥是优质丰产的关键。一般采取高垄栽培，垄高40～50cm，垄顶宽50～80cm；或浅沟高垄栽培，沟宽80～100cm，沟深30～40cm，垄高30～40cm，垄顶宽50～80cm。地下水位浅的可以实施限根栽培。

9. 设施葡萄建园时采取何种栽培模式为好？

起垄限根和薄膜限根是设施葡萄生产中比较好的建园栽培模式。

（1）起垄限根 该限根栽培模式适用于降水充足或过多、地下水位过高地区的设施葡萄栽培，是防止积水成涝的有效手段，而且在设施葡萄促早栽培升温时利于地温快速回升，使地温和气温协调一致。具体操作如下：在定植前，按适宜行向和株行距开挖定植沟，定植沟一般宽80～100cm，深60～80cm。定植沟挖完后首先回填20～30cm厚的砖瓦碎块，其上回填30cm～40cm厚

图6 起垄限根

的秸秆杂草（压实后形成约 10cm 厚的草垫），然后每公顷施入腐熟有机肥 75 000～150 000kg 与土混匀回填，灌水沉实，再将表土与 7 500～15 000kg 生物有机肥混匀起 40～50cm 高、80～100cm 宽的定植垄。如图 6。

（2）薄膜限根 该限根栽培模式适用于降水较少的干旱地区或漏肥漏水严重地区的设施葡萄栽培。在定植前，按适宜行向和株行距开挖定植沟，定植沟一般宽 100～120cm，深 40～80cm。定植沟挖完后首先于沟底和两侧壁铺垫塑料薄膜，然后回填 20～30cm 厚的秸秆杂草（压实后形成约 10cm 厚的草垫），再将腐熟有机肥与土混匀回填至与地表平，每公顷施入腐熟有机肥 75 000～150 000kg 和生物有机肥 7 500～15 000kg，最后浇透水。如图 7。

此外，将起垄限根和薄膜限根两种限根栽培模式结合形成起垄薄膜限根栽培模式，既能发挥起垄限根的优点，又能发挥薄膜限根的优点。

图 7　沟槽式薄膜限根

10. 葡萄园建园时如何确定行向和株行距？

葡萄的行向和株行距与地区、地形、地貌、风向、光照、树形和品种等有密切关系。

（1）行向 ①露地栽培：葡萄的行向与地形、地貌、风向和光照等有密切关系。一般地势平坦的葡萄园，南北行向，葡萄枝蔓顺着主风向引绑，这样日照时间长，光照强度大，特别是中午葡萄根部能接受到阳光，有利于葡萄的生长发育，能提高浆果的品质和产量。山地葡萄园的行向，应与坡地的等高线方向一致，顺坡势设架，葡萄树栽在山坡下，向山坡上爬，适应葡萄生长规律，光照好，节省架材，也有利于水土保持和田间作业。②设施栽培：篱架栽培以南北行向为宜，棚架栽培东西或南北行向均可。

（2）株行距　葡萄的株行距由当地气候条件、架式、树形和品种长势等来确定。①露地栽培：目前葡萄生产上存在种植密度过大的问题，应加大行距，以利于机械化作业。在温暖地区，冬季不需埋土防寒，单立架栽培行距以 2.5m 左右为宜，但如栽培长势较旺的品种如夏黑等，需采用水平式棚架配合单层双臂水平龙干形即"1"字形或"H"形，株行距分别以（2～2.5）m×（4～6）m和（4～6）m×（4～10）m 为宜。年绝对低温在 -15℃以下的北方或西北地区，因葡萄枝蔓冬季需要下架埋土防寒，防寒土堆的宽度与厚度一定要比根系受冻深度多 10cm 左右才能安全越冬，多用中、小棚架，栽植长势中庸偏强的品种，采用斜干水平龙干树形配合水平叶幕，其株行距以（2～2.5）m×（4～6）m 为宜，单穴双株定植。②设施栽培。篱架栽培：树形采取单层水平龙干形，如配合直立叶幕，株行距以（0.5～1.0）m×1.5m 为宜；配合 V 形叶幕，株行距以（0.5～1.0）m×2.0m 为宜；配合水平叶幕，株行距以（0.5～1.0）m×2.5m为宜。棚架栽培：株行距以（2.0～2.5）m×（4.0～4.5）m（单穴双株定植）较佳。

11. 葡萄园建园时如何选择苗木？

采用优质壮苗建园是实现葡萄优质高效生产的基本前提。有些单位临时起意建园，到处收集苗木，无法保证苗木质量，结果导致建园质量差，留下无穷后患，可谓欲速则不达。国家制定的葡萄苗质量标准见表 4。

表4　葡萄苗质量标准（NY 469—2001）

种类	项目		一级	二级	三级
自根（插条）苗	品种纯度		≥98%		
	根系	侧根数量（条）	≥5	≥4	≥4
		侧根粗度（cm）	≥0.3	≥0.2	≥0.2
		侧根长度（cm）	≥20	≥15	≥15
		侧根分布	均匀、舒展		

种　类	项　目			一级	二级	三级
自根（插条）苗	品种纯度			≥98%		
	枝　干	成熟度		木质化		
		高度（cm）		≥20		
		粗度（cm）		≥0.8	≥0.6	≥0.5
	根皮与茎皮			无损伤		
	芽眼数（个）			≥5		
	病虫害情况			无检疫对象		
嫁接苗	根　系	侧根数量（条）		≥5	≥4	≥4
		侧根粗度（cm）		≥0.4	≥0.3	≥0.2
		侧根长度（cm）		≥20		
		侧根分布		均匀、舒展		
	根　干	成熟度		充分成熟		
		枝干高度（cm）		≥20		
		接口高度（cm）		10～15		
		侧根分布		均匀、舒展		
		粗度(cm)	硬枝嫁接	≥0.8	≥0.6	≥0.5
			绿枝嫁接	≥0.6	≥0.5	≥0.4
	嫁接愈合程度			愈合良好		
	根皮与茎皮			无新损伤		
	接穗品种芽眼数（个）			≥5	≥5	≥3
	砧木萌蘖			完全清除		
	病虫害情况			无检疫对象		

（1）自根苗　目前生产上使用的苗木大多是品种自根苗。自根苗繁殖容易，成本低，欧亚种的自根苗对盐碱和钙质土适应能力强，但大部分主栽品种的自根苗抗寒、抗旱能力比嫁接苗差很多，有些品种如藤稔以及其他多倍体的品种发根能力差，或根系生长弱。更重要的是品种自根苗不抗根瘤蚜，也不抗根结线虫及根癌等，因此自根栽培仅适于无上述生物逆境、生态逆境的地区使用。

（2）嫁接苗　随着葡萄根瘤蚜在我国多个省份的蔓延，使用能够抗根瘤蚜的抗性砧木嫁接已经成为首选，但是埋土防寒区选择抗性砧木时首先要考虑其抗寒性。需要抗涝的地区可以选择以河岸葡萄为主的杂交砧木，如促进早熟的101-14M、3309C，生长势中庸的420A或中庸偏旺的SO4、5BB；在干旱瘠薄及寒冷的地区，建议选择深根性的偏沙地葡萄系列，如110R、140Ru、1103P等。成品嫁接苗是一年生嫁接苗。砧木长度是选择嫁接苗的关键。不同产区要求的砧木长度不同，南方没有寒害，砧木长度20cm即可；北方越是寒冷地区要求的砧木长度越高，目前进口的嫁接苗砧木长度在40cm；一般地区推荐30cm。检查嫁接苗要看嫁接愈合部位是否牢固，可用手掰开看嫁接口是否完全愈合无裂缝，至少有3条发达的根系并分布均匀，接穗成熟至少8cm长。

（3）砧木自根苗　国外根据枝条的粗度将收获的砧木枝条分成两部分，直径在6～12mm的用于生产嫁接苗，较细或较粗的枝条则用于扦插繁殖为砧木苗。这些砧木苗可提供给葡萄园种植者定植在田间，待半木质化后进行绿枝嫁接。有些国家为了充分利用砧木的抗性而采用70cm甚至1m长的砧木进行高接，从而解决主干的抗寒及抗病问题。北方用砧木苗建园的优点：一是砧木苗抗霜霉病；二是大部分砧木抗寒性强，在泰安（最低温度-15℃）冬季一年生的砧木苗不下架可安全越冬，因此管理简便省心；三是第二年嫁接时根系生长量大，可以快速地促进接穗的生长，非常有利于实现长远的优质丰产目标。

12. 葡萄园建园时如何定植苗木？

定植苗木分为苗木处理和苗木定植两大步。

（1）苗木处理　①修剪苗木：栽植前将苗木保留2～4个壮芽修剪，基层根一般可留10cm，受伤根在伤部剪断。如果苗木比较干，可在清水中浸泡一天。

苗木准备好后要立即栽植,若不能很快栽完,可用湿麻袋或草帘遮盖,防止抽干。②消毒和浸根:为了减少病虫害特别是检疫害虫的传播,提倡双向消毒,即要求苗木生产者售苗时或使用者种植前均对苗木进行消毒,包括杀虫剂(如辛硫磷),杀菌剂(根据苗木供应地区的主要病害选择针对性药剂或广谱性杀菌剂);较高浓度浸泡半小时,其后在清水中浸泡漂洗;也可以使用 ABT3 号生根粉浸蘸根系,提高生根量和成活率。

(2)苗木定植 ①定植时间。露地栽培:在不需要埋土防寒的南方可在秋冬季进行定植。在北方一般宜在春季葡萄萌芽前定植,即地温达到7～10℃时进行。如果土壤干旱可在定植前一周浇一次透水。设施栽培:北方地区的设施栽培如栽培设施已经建好并覆膜升温,可在春节前后定植,利于快速成形早期丰产。②定植技术。定点:按照葡萄园设计的株行距(行距与深翻沟中心线的间距一致)及行向,用生石灰画十字定点。挖穴:视苗木大小,挖直径30～40cm、深20～40cm的穴,如果有商品性有机肥每穴添加1～2锹,土壤如果偏酸或偏碱,可适当添加校正有机物料或各种大量和中微量复合肥。栽植:将苗木放入穴内,边填土边踩实,并用手向上提一提,使其根系舒展。嫁接苗定植时短砧也要至少露出土面5cm,避免接穗生根。灌溉:栽完后应立即灌一次透水,以提高成活率。封土:待水下渗后,用行间土壤修补平种植穴并覆黑地膜,保湿并免耕除草。

二、葡萄品种选择

1. 露地葡萄主要有哪些优良鲜食品种?

主要有香妃、红香妃、京秀、瑞都香玉、瑞都脆霞、早黑宝、早康宝、夏至红、京蜜、京香玉、红双味、贵妃玫瑰、京玉、绯红、矢富罗莎、87-1、奥古斯特、维多利亚、玫瑰香、金手指、极高、里扎马特、克林巴马克、牛奶、美人指、秋红宝、泽香、泽玉、红地球、意大利、达米娜、奥山红宝石、亚历山大、秋黑、秋红、摩尔多瓦、申丰、申宝、醉金香、巨玫瑰、霞光、藤稔、巨峰、峰后、红瑞宝、高妻、爱神玫瑰、京早晶、火焰无核、无核白、丽红宝、瑞都无核怡、红宝石无核、克瑞森无核、森田尼无核、夏黑、月光无核、沪培 1 号、阳光玫瑰、黑巴拉多、瑞锋无核、华葡 2 号等优良品种。

2. 87-1 的品种特点如何?

欧亚种。近年从辽宁省鞍山市郊区的玫瑰香葡萄园中发现的极早熟、优质、丰产的芽变单株。自然果穗圆锥形(见彩图 1),平均穗重 520g,最大穗达 750g。果粒着生中密,短椭圆形,稀果后平均粒重 6.5g,最大 8g。果皮中厚,紫红至紫黑色,果肉细致稍脆,汁中味甜,含可溶性固形物 15%~16.5%,有浓玫瑰香味,品质极佳。果实耐贮运。植株生长势、抗逆性以及果粒形状均与玫瑰香品种相似。结果枝率 68%,较丰产,副梢结果能力强。物候期:在鞍山、兴城地区 4 月下旬萌芽,5 月中旬开花,7 月下旬至 8 月上旬果实成熟;在沈阳地区 8 月上中旬成熟。从萌芽到果实成熟 100d 左右。成熟后若延迟采收,无落粒、裂果现象。

3. 京蜜的品种特点如何?

欧亚种。中国科学院植物研究所用京秀为母本、香妃为父本杂交育成的极早熟品种。果穗圆锥形（见彩图2），平均穗重373.7g，最大穗重617.0g；果粒着生紧密，扁圆形或近圆形，黄绿色，平均粒重7.0g，最大粒重11.0g；果皮薄，果肉脆，有2~4粒种子，含可溶性固形物17.0%~20.2%，味甜，有玫瑰香味，肉质细腻，品质上等。物候期：北京地区4月上旬萌芽，5月下旬开花，7月下旬果实充分成熟，成熟后延迟采收45d不掉粒，不裂果。抗病性强。棚架和篱架栽培均可，中短梢混合修剪。早果性好，极丰产，应疏花疏果。适宜在北京、河北、山东、辽宁、新疆等露地栽培，多雨潮湿地区避雨栽培。

4. 华葡2号的品种特点如何?

欧亚种。由中国农业科学院果树研究所以87-1为母本、绯红为父本育成的中国第一个适合设施促早栽培的葡萄新品种。需冷量约600h，属低需冷量葡萄品种。自然果穗圆锥形（见彩图3），平均穗重800g。果粒着生密，短椭圆形，平均粒重8.0g。果皮中厚，紫红至紫黑色，果肉硬脆，汁中味甜，含可溶性固形物17%~19%，有玫瑰香味，品质佳，不裂果。果实耐贮运。植株长势中庸，极易成花，丰产，副梢结果能力强，管理省工。辽宁兴城地区6月上旬开花，8月上中旬果实成熟，果实发育期60~70d，属早熟品种。对设施的弱光、低浓度CO_2和高温高湿适应性强，非常适合设施促早栽培。

5. 夏黑的品种特点如何?

三倍体品种，欧美杂种，原产于日本。自然状态下落花落果重，果穗中等紧密，果粒近圆形（见彩图4），粒重3g；赤霉素处理后坐果率提高，果粒着生紧密或极紧密，平均穗重608g，最大穗重940g，平均粒重7.5g，最大粒重12g。果皮厚而脆，无涩味，紫黑到蓝黑色，颜色浓厚，着色容易；果粉厚，果肉硬脆，无肉囊，可溶性固形物含量20%~22%，味浓甜，有浓郁的草莓香味。无籽。物候期：辽宁兴城地区8月中旬成熟。树势强，抗病力强，不裂果。盛花和盛花后10d用0.0025%~0.005%的赤霉素处理2次，栽培容易。

6. 香妃的品种特点如何？

欧亚种。是北京市农林科学院林业果树研究所于 1982 年以玫瑰香与莎巴珍珠杂交的后代 73-7-6 为母本，以绯红为父本杂交育成。自然果穗呈短圆锥形（见彩图 5），有副穗，平均穗重 322.5g，果粒着生中等密度。果粒近圆形，稀果粒后平均粒重 7.58g，最大达 9.7g，果皮绿黄色，果粉中等厚，皮薄肉硬，质地细脆，有浓玫瑰香味，含糖 14.25%，含酸 0.58%，酸甜适口，品质极佳。物候期：在北京和辽宁兴城地区分别在 4 月中旬和 5 月上旬萌芽，5 月下旬和 6 月上旬开花，7 月下旬和 8 月上旬果实成熟，从萌芽到浆果成熟需 105d 左右。树势中庸，萌芽率高，平均为 75.4%，结果枝率为 61.55%，每个果枝平均有花序 1.82 个，多着生在第 2～7 节上。该品种副梢结实能力较强，可利用二次结果。香妃是早果、丰产、肉质硬脆、有浓玫瑰香味的绿黄色品种。

7. 火焰无核的品种特点如何？

火焰无核又称火红无核、弗蕾无核、早熟红无核，欧亚种。美国加州用 [（绯红 × 无核白）× 无核白] × [（红马拉加 ×Tifafihi Ahmer）×（亚历山大 × 无核白）] 多亲本杂交育成。果穗短圆锥形（见彩图 6），有副穗，平均穗重为 352g，最大穗重 565g，果粒着生紧密。果粒近圆形，平均粒重 3.5g，最大粒重 5.4g。用赤霉素处理后，粒重达 5～6g。果皮鲜红或紫红色，果皮薄，果肉硬而脆，果汁中等，甘甜爽口，含可溶性固形物 17%，略有香味。品质佳。植株生长势较强，结果枝率达 42% 左右，定植后第二年开始结果，三年生平均株产 6.8kg，亩产达 1 000kg 左右。物候期：在河北涿鹿和辽宁兴城地区，萌芽期分别为 4 月上旬和 5 月上旬，开花期分别为 6 月上旬和 6 月中旬，果实成熟期分别为 8 月中旬和 8 月下旬。属于中早熟品种。丰产性中等，无落粒，不裂果。果穗不耐贮运。该品种抗病性及适应性均强，但不抗炭疽病。在我国华北、西北及东北均可栽培。适于小棚架和高篱架，用中长梢混合修剪较好。是当前中早熟、紫红色优良鲜食无核品种之一。

8. 森田尼无核的品种特点如何？

又称无核白鸡心、世纪无核。欧亚种。由 Gold×Q25-6 杂交育成。自然果穗圆锥形（见彩图7），平均穗重829g，最重1361g，果粒着生紧密。果粒长卵圆形，平均自然粒重5.2g，最大6.9g。用赤霉素处理后可达7～8g。果皮绿黄色，皮薄肉脆，浓甜，含可溶性固形物16.0%，含酸0.83%，微有玫瑰香味，品质极佳。树势强，枝条粗壮，注意控制新梢徒长。冬剪采用中长梢修剪为宜。结果枝率74.4%，每个结果枝着生1～2个果穗，双穗率达30%以上，果穗多着生在第5～7节。三年生株产12.8kg。较丰产。果实成熟一致，副梢有二次结果能力，在兴城能正常成熟。较抗霜霉病、灰霉病，但易染黑痘病、白腐病。物候期：在辽宁省兴城、朝阳地区，5月上旬萌芽，6月上旬开花，8月中下旬浆果成熟；在沈阳9月上旬浆果成熟。该品种果粒着生牢固，不落粒，不裂果，耐贮运，是适合华北、西北和东北地区发展的大粒、无核鲜食和制罐的优良品种。

9. 奥古斯特的品种特点如何？

欧亚种。原产于罗马尼亚，是布加勒斯特大学用黄意大利和葡萄园皇后杂交育成的二倍体新品种，是早熟、大粒、脆肉、绿黄色、丰产、有发展前途的优良品种之一。自然果穗圆锥形（见彩图8），平均重580g，最大穗重1500g。果粒着生紧密，呈短椭圆形，平均自然粒重7.5g，最大粒重为10.5g，果粒大小均匀。果皮绿黄色，着色一致，果皮中等厚，果粉薄，果肉硬而脆，稍有玫瑰香味，果肉与种子易分离，含可溶性固形物15.5%，含酸0.43%，香甜适口，品质佳。植株生长势强，枝条成熟好。结果枝率达55%以上，每个结果枝平均有1.6个果穗，副梢结实力强，二次果9月下旬成熟，品质佳。物候期：在河北昌黎和辽宁兴城地区分别是4月中旬和5月上旬萌芽，5月下旬和6月上旬开花，7月下旬和8月上旬浆果成熟。在日光温室里，6月上旬果实即可成熟上市。从萌芽到浆果成熟为100d左右。

10. 维多利亚的品种特点如何？

欧亚种。二倍体。是罗马尼亚德哥沙尼葡萄试验站用绯红×保尔加尔杂交育成的。自然果穗圆锥形或圆柱形（见彩图9），平均穗重630g，最大达1560g，果粒着生中度紧密；果粒长椭圆形，平均粒重9.5g，最大达12.0g。

果皮黄绿色，中等厚，果肉硬而脆，果皮与果肉易分离，味甜适口，无香味，含可溶性固形物 16.0%，含酸量 0.37%，品质佳。物候期：在河北昌黎地区 4 月中旬萌芽，5 月下旬开花，8 月上旬浆果成熟。从萌芽到浆果成熟需要 110d 左右，有效积温为 2 158.2℃。植株生长势中等，新梢半直立，绿色，结果枝率达 56%，每个结果枝平均有花序 1.5 个；副梢结实力强，可利用二次结果。抗灰霉病能力强，抗霜霉病、白腐病中等。果实不脱粒，耐贮运。

11. 金手指的品种特点如何？

欧美杂种，2007 年通过山东省科技厅组织的专家鉴定。果穗长圆锥形（见彩图 10），着粒松紧适度，平均穗重 445g，最大 980g；果粒长椭圆形至长形，略弯曲，呈菱角状，黄白色，平均粒重 7.5g，最大可达 10g；每果含种子 0~3 粒，多为 1~2 粒，有瘪籽，无小青粒；果粉厚，极美观，果皮薄，可剥离，可带皮吃。含可溶性固形物 21%，有浓郁的冰糖味和牛奶味。物候期：山东大泽山地区 4 月上旬萌芽，5 月下旬开花，8 月上中旬果实成熟，比巨峰早熟 10 d 左右。生长势中庸偏旺，新梢较直立。适宜篱架、棚架栽培，特别适宜 Y 形架和小棚架栽培，长、中、短梢混合修剪。注意合理调整负载量，防止结果过多影响品质和延迟成熟。由于含糖量高，应重视鸟、蜂的危害。

12. 巨峰的品种特点如何？

欧美杂交种。原产于日本，是该国的主栽品种。1937 年大井上康用石原早生（康拜尔大粒芽变）×森田尼杂交育成的四倍体品种。自然果穗圆锥形（见彩图 11），平均穗重 550g，最大粒 1 250g，果粒着生中等紧密。果粒椭圆形，平均粒重 10g，最大粒重 15g。果皮中等厚，紫黑色，果粉中等厚，果刷较短，抗拉力为 100g 左右。果肉有肉囊，稍软，有草莓香味，味甜多汁，含可溶性固形物 17%~19%。适时采收品质上。物候期：在辽宁省西部 5 月上旬萌芽，6 月中旬开花，8 月中旬着色，9 月上中旬果实成熟。从萌芽到浆果成熟需 135d 左右，有效积温 2 800℃ 左右。结果枝率 68%，副梢结实力强，丰产，但每亩（667m²）产量控制在 1 500~2 000kg 为宜。运输易落粒。留果过多和延迟采收，品质下降。对黑痘病、霜霉病抗性较强，对穗轴褐枯病抗性较弱，抗寒力中等。巨峰是大粒、紫黑色、有草莓香味的抗性育种宝贵的种质资源。辽宁省选出的巨峰优系——辽峰，综合表现超过普通巨峰。

13. 巨玫瑰的品种特点如何？

　　欧美杂交种。是大连农科院 1993 年用沈阳玫瑰 × 巨峰杂交育成的四倍体。自然果穗圆锥形（见彩图 12），有副穗，平均重 514g，最大 800g，果粒着生中等紧密。果粒椭圆形，平均粒重 9g，最大 15g，果粒整齐。果皮紫红色，中等厚，果粉较薄，肉质稍脆，味浓甜多汁，含可溶性固形物 19%～23%，有浓玫瑰香味，品质极佳。果实种子较少，多为 1～2 粒。较耐贮运。植株生长势强，枝条成熟良好，芽眼萌发率 82.7%，结果枝率 69.6%，每个结果枝平均有花序 1.72 个，副梢结实力强，定植第二年开始结果，平均株产达 4kg，第三年丰产，一般每亩产量可达 2 000kg 左右。无裂果，不落粒。对黑痘病、炭疽病、白腐病和霜霉病等有较强的抗性，其病虫害防治与巨峰相同。物候期：在辽宁大连和兴城地区 4 月中下旬萌芽，6 月中下旬开花，9 月上中旬果实成熟。从萌芽到果实成熟需要 142d 左右，有效积温 3 200℃左右，为中晚熟品种。巨玫瑰有色艳、粒大、丰产、无裂果、不落粒的优点，还有耐高温、耐高湿、抗病虫害等能力，是我国南北方都能栽培的理想中晚熟新品种。

14. 藤稔的品种特点如何？

　　欧美杂交种。四倍体。系日本用井川 682× 先锋育成。是个有发展前途的特大粒鲜食品种，俗称"乒乓球"葡萄。自然果穗圆锥形（见彩图 13），平均重 450g，果粒着生较紧密。果粒大，整齐，椭圆形，平均粒重 15g，最大 28g。果皮中等厚，紫黑色，果粉极少。肉质较软，味甜多汁，有草莓香味，含糖 17%。品质上等。物候期：在辽宁兴城地区 5 月上旬萌芽，6 月上旬开花，7 月上中旬着色，8 月上中旬果实成熟。从萌芽到浆果成熟需 120d 左右。浆果比巨峰早熟 10d 左右，与普通高墨熟期相近。结果枝率高达 70% 以上，丰产。浆果成熟一致。抗性较强，对黑痘病、霜霉病、白腐病的抗性与巨峰相似。果实较耐运输。栽培管理技术与巨峰相同。果实可延迟到 10 月上旬采收，无脱粒和裂果现象，较适于露地、庭院和盆中栽培。在北方采用贝达、山河系砧，南方采用 S04、5BB 砧能增强抗性及长势。

15. 玫瑰香的品种特点如何？

玫瑰香又称紫玫瑰。二倍体。原产于英国。由白玫瑰与黑汉杂交育成。欧亚种，是我国许多葡萄产区的主栽品种。自然果穗圆锥形（见彩图 14），平均穗重 350g，最大 820g，果粒着生中密或紧密。稀果粒后，平均粒重 6.2g，最大 7.5g。果皮中等厚，紫红或紫黑色，果粉较厚，肉质细，稍软多汁，有浓郁的玫瑰香味，含糖 18%～20%，含酸 0.5%～0.7%，品质极佳。出汁率 76% 以上。树势中等，结果枝占 47%，在充分成熟的结果母枝上，从基部起第 1～5 芽都能发出结果枝，每个结果枝大多着生 2 个花序，少数为 1 个或 3 个花序，较丰产。每亩应控制在 1 500kg，副梢结实力强，可利用其多次结果。在辽西地区充分成熟，正逢国庆、中秋佳节，鲜果上市价格较好。浆果耐贮藏与运输，对白腐病、黑痘病抗性中等，抗寒力中等。在辽宁兴城地区 5 月上旬发芽，6 月中旬开花，8 月中旬着色，9 月中下旬果实成熟。从萌芽到浆果成熟需 140d 左右，有效积温 2 800℃左右。我国鲜食及酿酒葡萄的主要中晚熟优良品种。栽培管理容易。在正常肥、水及防病管理条件下，每亩可产 2 000kg 左右。

16. 意大利的品种特点如何？

欧亚种。是意大利用比坎与玫瑰香杂交育成的品种，属世界性优良品种。自然果穗圆锥形（见彩图 15），平均穗重 830g，果粒着生中度紧密；果粒椭圆形，平均重 7.2g，纵径 26.6mm，横径 21.8mm；果皮绿黄色，中等厚，果粉中等，肉质脆，有玫瑰香味，含糖 17%，品质上等。果实耐贮运。抗病力、抗寒力均强。物候期：在辽宁兴城地区 4 月下旬萌芽，6 月中旬开花，8 月下旬着色，9 月中下旬果实成熟。生长天数 150d，有效积温 3 140℃，新梢 7 月下旬开始变色成熟。该品种是晚熟、肉硬脆、黄绿色、有玫瑰香味、适应性强、丰产的优良品种。

17. 克瑞森无核的品种特点如何？

又称绯红无核。欧亚种。美国加州用无核白为第 1 代亲本，进行 5 代杂交，1983 年最终用晚熟品系 C33-99 与皇帝杂交育成晚熟、红色的绯红无核，原代号为 C102-26。克瑞森无核还有玫瑰香、阿米利亚、意大利等品种的血缘。自然果穗圆锥形（见彩图 16），平均穗重 500g，单歧肩，果粒着生中密或紧密；果粒椭圆形，自然无核，平均粒重为 4.2g。果皮鲜玫瑰红色，着色一致，有较厚白色果粉，比较美观，果皮中厚，果皮与果肉不易分离；果肉浅黄色，半透明，肉质细脆，清香味甜，含可溶性固形物 18.8%，品质极佳。每粒浆果有 2 个败育种子，食用时无感觉。果实耐拉力比红宝石无核强，且不裂果。果实较耐贮运。物候期：在山东平度和辽宁兴城地区，分别在 4 月上旬和 5 月上旬发芽，5 月下旬和 6 月上旬开花，9 月下旬和 10 月上旬果实成熟。是红色、中晚熟、耐贮运的优良鲜食无核品种。

18. 红地球的品种特点如何？

欧亚种，原产于美国，又名晚红、大红球、红提等。果穗长圆锥形（见彩图 17），穗重 800g 以上；果粒圆形或卵圆形，着生中等紧密，平均粒重 12 ～ 14g，最大粒重 22g；果皮中厚，暗紫红色；果肉硬、脆，味甜，可溶性固形物含量 17%。物候期：在北京地区 9 月下旬成熟。树势较强，丰产性强，果实易着色，不裂果，果刷粗长，不脱粒，果梗抗拉力强，极耐贮运。但抗病性较弱，尤其易感黑痘病和炭疽病。适于干旱半干旱地区栽培。适于小棚架栽培，龙干形整枝。幼树新梢不易成熟，在生长中后期应控制氮肥，少灌水，增补磷钾肥。开花前对花序整形，去掉花序基部大的分枝，并每隔 2 ～ 3 个分枝掐去 1 个分枝，坐果后再适当疏粒,每果穗保留 50 ～ 60 个果粒。注意病虫害的防治。

19. 秋黑的品种特点如何？

欧亚种，原产于美国。果穗长圆锥形（见彩图 18），平均穗重 520g，最大可达 1 500g；果粒着生紧密，鸡心形，平均重 8g；果皮厚，蓝黑色，着色整齐一致，果粉厚；果肉硬脆可切片，味酸甜，无香味；可溶性固形物含量为 17.5%；果刷长，果粒着生牢固，不裂果，不脱粒，耐贮运。物候期：在北京地区 9 月底至 10 月初浆果完全成熟。生长势极强，早果性和结实力均很强；抗病性较强，枝条成熟好。宜棚架栽培，栽培较容易。有报道认为秋黑对石灰敏感，所以在生产中应慎用波尔多液。

20. 露地葡萄主要有哪些优良酿酒品种？

主要有赤霞珠、品丽珠、蛇龙珠、梅鹿辄、黑比诺、西拉、佳美、增芳德、晚红蜜、宝石、法国蓝、桑娇维赛、佳利酿、华葡 1 号、梅郁、烟 74、北醇、公酿 1 号、公酿 2 号、双优、左优红、北冰红、媚丽、霞多丽、雷司令、意斯林、白诗南、赛美容、缩味浓、琼瑶浆、灰比诺、白比诺、米勒、白玉霓、小白玫瑰、白佳美、爱格丽等优良品种。

21. 赤霞珠的品种特点如何？

又称解百纳，原产于法国，是世界上最著名的酿制红葡萄酒的品种。果穗中大（见彩图 19），平均重 150 ～ 170g；果粒中大，1.4 ～ 2.1g，圆形，紫黑色，果皮中厚，果粉厚。出汁率 70% 左右，含糖量 18% 左右，含酸量 0.7% 左右，有较淡的青草香味。树势较强，结果枝占 75% ～ 83%，每果枝平均有 1.5 ～ 1.9 个果穗，果实于 8 月下旬至 9 月下旬（陕西杨凌）或 10 月上旬（山东烟台）成熟。由萌芽到果实充分成熟需要 160d 左右。产量较高，易早产、丰产。抗白腐病。风土适应性强，较抗寒。

22. 品丽珠的品种特点如何？

原产于法国。果穗中大（见彩图 20），平均重 250g；果粒中等大，平均重 2.3g，扁圆形，紫黑色，有青草香味，果皮薄，出汁率 75% 以上，含糖量 18% 以上，含酸量 0.8% 左右。树势中等，结果枝率 77% 左右，每果枝平均着生 1.5 个果穗，果实于 8 月底至 9 月下旬成熟（烟台地区），产量中等，抗病性中等，抗寒力弱，果实成熟不一致。

23. 梅鹿辄的品种特点如何？

梅鹿辄又称梅鹿特，原产于法国。果穗中大（见彩图 21），平均重 200g；果粒中大，平均重 2.5g 左右，近圆形，黑紫色，果粉、果皮中厚，出汁率 70%，含糖量 18%，含酸量 0.8%，有柔和的青草香味。树势中等，结果枝率 80% 左右，每果枝平均 2 个果穗，果实于 8 月下旬（陕西杨凌）至 9 月下旬（山东烟台）成熟，丰产，抗病，适应性强。

24. 霞多丽的品种特点如何？

又称莎当尼，原产于法国。果穗小（见彩图22），平均重142.1g。果粒小，平均重1.3g，近圆形，绿黄色。果皮薄，粗糙，果脐明显，含糖量20%，含酸量0.7%，出汁率72%。生长势强，结果枝率68%，每果枝平均1.65个果穗，易早产、丰产，在青岛9月上旬成熟。抗病性中等，抗寒性强，适应性强。

25. 雷司令的品种特点如何？

欧亚种。原产于德国，起源于莱茵河流域，1892年引入我国。在山东、山西、陕西、河南等地有栽培。别名白雷司令、莱茵雷司令。果穗小（见彩图23），平均重96～122g，圆柱形，有的带有副穗。果粒着生紧密或极紧密。果粒中等大，平均重1.3～1.5g，近圆形，黄绿色，充分成熟时阳面浅褐色，果面有黑色斑点，果皮薄，出汁率75%，含糖量18%～19%，含酸量0.7%～0.88%，味甜，每果粒含种子2～4粒。酿制的白葡萄酒浅黄绿色，澄清发亮，香气浓郁、复杂，具柑橘类果实的典型香气，醇和爽口，回味绵延，是酿制干白葡萄酒的优良品种。树势中等。结果枝率85%～90%，每果枝平均1.7～2.3个果穗，着生于第4、5节，较丰产。果实于8月下旬（陕西关中）至9月中旬（山东烟台、辽宁兴城）成熟。由萌芽至果实充分成熟需要140d左右。雷司令含糖量高，在欧洲葡萄品种中抗寒性较强，但果皮薄，易感病。

26. 黑比诺的品种特点如何？

欧亚种，原产于法国的古老品种，属西欧品种群。1936年最先由日本引入辽宁兴城，在华北、黄河故道、陕西等地有栽培。别名黑彼诺、黑美酿。两性花。果穗小（见彩图24），52～150g，圆锥形，有的具副穗，紧密或极紧密。果粒中等大，平均重1～1.8g，近圆形，紫黑色，果粉中厚；果皮薄，出汁率70%～75%，含糖量16%～20%，含酸量0.6%～1.0%，味酸甜，每果粒有种子1～3粒。酿造的干红和桃红葡萄酒果味浓，口味清爽柔和，回味优雅，也是酿造香槟酒和起泡葡萄酒的优良品种。黑比诺是冷凉地区品种，在较冷凉的地区，能保持高的酸含量及浓郁的果香，含糖量及酚类物质含量低，适合生产起泡葡萄酒；在稍暖的地区可生产陈酿型的高档红酒，但其自然的色素及单宁含量不如赤霞珠高。在温暖地区种植，色深，香气浓郁，但简单。其香气有花香、浆果（草莓、黑莓、黑樱桃）香味、薄荷香味特征。陈酿酒可具李子、李子干及巧克力味。树势中等。结果枝率75%～85%，每果枝平均1.5～1.8个果穗。在山东济南4月上旬萌芽，5月上旬开花，7月上中旬开始着色，8月中旬果实充分成熟。从萌芽至果实成熟需要128～150d，活动积温2 800℃以上。本品种较抗炭疽病，但易感霜霉病，产量中等。适应性较窄。

27. 西拉的品种特点如何？

欧亚种，原产于法国，1980年从法国引入我国。现在北京、河北、陕西、山东青岛、新疆吐鲁番等地有栽培。两性花。果穗中等大（见彩图25），平均重275g，圆锥形，有副穗。果粒着生较紧密，平均粒重2.5g，圆形，紫黑色，果皮中等厚，肉软汁多，味酸甜，可溶性固形物含量18.6%，含酸量0.7%。是酿制干红葡萄酒的良种，由它酿成的酒，深宝石红色，澄清透明，口感以丰满、柔和、芳香、辛香、黑莓和青椒味为主，酒质上等。随着酒的陈酿，其巧克力、甘草、咖啡味增加。植株生长势强或较强。结果枝占芽眼总数的60%，每一结果枝上的平均果穗数为1.9个，丰产。从萌芽到果实充分成熟的生长日数为130～140d，活动积温为2 600～2 700℃。在北京8月下旬、昌黎9月上旬成熟，为中熟品种。抗病力较强或强。宜篱架栽培，中、短梢修剪。可在中国北部地区发展。黄河故道地区可试栽。

28. 法国蓝的品种特点如何？

欧亚种。原产于奥地利，20世纪50年代由匈牙利引入我国。在山东、河南、河北、陕西等地有栽培。别名法兰西、蓝法兰西、玛瑙红。果穗中等或大（见彩图26），平均重180～420g，圆锥形或多歧肩圆锥形，紧密或极紧密。果粒中等大，圆形或近圆形，蓝黑色，果粉厚；果皮中等厚；出汁率75%～78%，含可溶性固形物17%～20%，含酸量0.7%～0.9%，味酸甜。每果粒含种子3～4粒。该品种酿制的葡萄酒宝石红色，香气完整，回味绵延，去皮发酵，亦可酿制白葡萄酒，是优良的酿酒品种。树势较旺。果枝率70%～94%，每果枝平均1.6～1.9个果穗，果实成熟一致。在河北昌黎4月上中旬开始萌芽，5月下旬开花，8月中旬开始着色，8月下旬果实完全成熟。从萌芽至果实充分成熟需要130～140d，活动积温2 900℃以上，中熟品种。高产，稳产，抗病性和抗寒性较强，果实成熟期间糖分积累较快，酸度降低缓慢。

29. 桑娇维赛的品种特点如何？

著名红葡萄品种，欧亚种，原产于意大利。两性花。果穗中等大（见彩图27），圆锥形。果粒着生中等紧密，中等大，圆形，紫红色，汁多，味酸甜。所酿之酒桃红色，澄清透明，有清新果香，滋味协调，酒体丰满，回味可口。生长势中等。在北京地区8月下旬成熟，为中熟品种。产量中等。抗病性中等。

30. 华葡1号的品种特点如何？

中国农业科学院果树研究所1979年以左山一为母本、白马拉加为父本杂交育成的酿酒、抗寒砧木兼用品种，原代号42-6，2011年10月通过辽宁省种子管理局审定备案。雌能花。果穗歧肩圆锥形（见彩图28），平均穗重214.4g，最大穗重270.4g，果穗大小整齐；果粒着生中等紧密，果粒圆形，黑色，无小青粒和采前落粒现象；平均粒重3.1g，最大粒重3.4g；果粉厚，果皮厚而韧，果肉软，有肉囊，汁多，绿色，味甜酸，略有山葡萄香味，可溶性固形物含量22.3%，含酸量1.34%；每果粒含种子2～4粒，多为3粒，种子与果肉较易分离。与山葡萄不同，果粒有2次生长高峰，生长曲线呈S形。该品种酿造的干红葡萄酒，色泽诱人，宝石红色，澄清，幽雅，果香浓郁，醇和爽口，余香绵长；酿造的冰红葡萄酒，深宝石红色，具浓郁的蜂蜜和杏仁复合香气，果香和酒香具典型的品种特性。植株生长势极强，副芽萌发力强，结果系数2.81，隐芽萌发的新梢结实力强，早果丰产。在辽宁兴城，4月下旬萌芽，6月上旬盛花，果实9月中下旬成熟。与红地球、巨峰、夏黑、黄意大利、金手指、无核白鸡心、早黑宝、京蜜、瑞都香玉、87-1、克瑞森无核、秋黑、巨玫瑰、藤稔和大粒玫瑰香等品种嫁接亲和力好。极抗霜霉病，基本不发生炭疽病、白腐病、穗轴褐枯病、灰霉病和黑痘病等病害，个别年份发生白粉病；较抗锈壁虱；抗寒性极强，在辽宁兴城经 31 年露地越冬，在未下架埋土防寒条件下，根系和枝条未发生冻害（2008 年贝达发生严重冻害）；抗旱性和抗高温能力强；抗涝性中等。适宜在无霜期大于 150 d 的地区栽培。

31. 烟 74 的品种特点如何？

原产于中国，欧亚种。1966 年烟台张裕葡萄酒公司用紫北塞 × 汉堡麝香杂交育成。1981 年定名。山东胶东半岛栽培较多，其他地方也有栽培。果穗中等（见彩图 29），单歧肩圆锥形，果粒着生中，粒中，椭圆形，紫黑色，百粒重 220 ～ 240g，每果粒含种子 2 ～ 3 粒，肉软，汁深紫红色，无香味。浆果含糖量 16% ～ 18%，含酸量 0.6% ～ 0.75%，出汁率 70%。该品种是优良的调色品种，不仅颜色深而且鲜艳，长期陈酿后不易沉淀。栽培性状良好，是当前推广的重要调色良种。所酿之酒浓紫黑色，色素极浓，味正，果香、酒香清淡，纯正柔谐。此外，烟 73 号是它的姊妹品种，基本相似。植株生长势强，芽眼萌发率高，结实力中，产量中至高，幼树开始结果较晚，适应性与抗病力均强。适于棚、篱架栽培，长、中、短梢修剪。生长日数 120 ～ 125 d，活动积温 2 800 ～ 2 900℃。

32. 北醇的品种特点如何？

山欧杂种。中国科学院北京植物园于 1954 年以玫瑰香为母本、山葡萄为父本杂交育成。曾在北京、河北、吉林、山东等地有较大面积栽培。果穗中等大（见彩图 30），平均重 259g，最大达 350g，圆锥形带副穗，果粒着生中等紧或较紧。果粒中等大，平均重 2.56g，近圆形；紫黑色；果皮中等厚；果肉软，果汁淡紫红色，甜酸味浓，含糖量 19.1% ～ 20.4%，含酸量 0.75% ～ 0.97%，出汁率 77.4%。该品种酿造的葡萄酒，酒色宝石红，质量中下等。适于在东北、华北露地栽培和在山东、黄河故道地区栽培。树势强。结实力强，进入结果期早，结果枝占新梢总数的 95.7%，每果枝多着生 2 个果穗，有时 3 ～ 4 个果穗。亩产平均 1 500 ～ 1 750kg。在北京地区 4 月上旬萌芽，5 月中旬开花，7 月下旬枝条开始成熟，9 月中旬果实充分成熟。生长期约 156d，活动积温总量 3 481℃。对肥水要求不严，适于中、短梢修剪，棚、篱架均可。抗寒力强，在北京可露地越冬；抗病力强，多雨潮湿地区喷 1 ～ 2 次药，即可保证丰收。

33. 公酿 1 号的品种特点如何？

山欧杂种。吉林省农业科学院果树研究所于 1951 年以玫瑰香为母本、山葡萄做父本杂交育成。在吉林公主岭、通化，黑龙江齐齐哈尔有栽培。两性花。果穗中等大（见彩图 31），平均重 150g，圆锥形，略有歧肩，果粒着生中等紧密。果粒小，平均重 1.57g，近圆形，蓝黑色，果汁红色，味甜酸，含糖量 15.2%，含酸量 2.19%，出汁率 66.2%。酿制的红酒酒色艳、味厚重，质量中下等。树势强，幼树新梢生长量可达 3 ～ 5m。结果枝率 86% ～ 96%，每果枝平均着生 2.6 个果穗。副梢萌发力强。在吉林公主岭 5 月上旬开始萌芽，6 月上旬开花，8 月中旬着色，9 月上旬果实完全成熟，从萌芽到果实完全成熟需生长日数为 129d，活动积温为 2 614℃。结果早，产量中等。枝蔓 9 月初开始木质化，降霜前成熟良好，抗寒力强，在东北中北部稍加覆土即可安全越冬，适于吉林以北栽培。

34. 双优的品种特点如何？

吉林农业大学 1983 年从中国农业科学院特产研究所提供的山葡萄试材中选出，1986 年定名。在吉林省集安县有较大面积栽培。果穗小（见彩图 32），平均重 92.5 ～ 109.8g，圆锥形或带副穗，松散。果粒小，圆形，平均重 1.06g，紫黑色，果粉厚，果皮中等厚，果汁紫红色，出汁率 61.6% ～ 66.9%，含可溶性固形物 14% ～ 15%。含酸量 1.1% ～ 2.3%，味酸，每果粒平均有种子 1 粒。所酿酒为深宝石红色，具浓厚的果香，酒质中等，柔和，醇厚爽口。结果枝率 82% ～ 96%，每果枝平均 1.9 ～ 2.8 个果穗，在集安县于 9 月上旬成熟。由萌芽至果实充分成熟需 125 ～ 130d。极抗寒，是所有山葡萄品种中产量最高的。

35. 左优红的品种特点如何？

中国农业科学院特产研究所 1979 年采用山葡萄雌能花品种"左山二"做母本与"小红玫瑰"（欧亚种酿酒葡萄）进行种间杂交，从杂交 1 代中选育出低酸、高糖优良单株"79-26-18"；1987 年用"79-26-18"做母本与山葡萄低酸、高糖两性花品系"74-1-326"（"73134"×"双庆"）杂交，从后代中选育出的酿造干红山葡萄酒新品种"左优红"。该品种2005年通过吉林省农作物品种审定委员会审定。生长势强。两性花。果穗圆锥形（见彩图33），平均质量144.8 g，最大892.2 g；果粒着生中等紧密，略有小青粒，果粒圆形，果粒平均质量1.36 g，果皮蓝黑色。果实含可溶性固形物18.5%～24.2%，总酸1.191%～1.447%，单宁0.029 1%～0.033 7%，出汁率66.14%。酒质：宝石红色，具典型品种香气，果香浓郁，酒香悦人，酒体醇厚，适宜单品种酿酒。自花授粉结果率33.1%。每一结果枝上的平均果穗数1.92个。在吉林市左家地区5月上旬萌芽，6月中旬开花，9月中旬果实充分成熟。早果，6年生树平均产量16.92 t/hm²。丰产、抗病、抗寒、抗旱力较强。栽培13年仅发生较轻的霜霉病（病情指数平均为7.2）。适宜在年无霜期125 d，≥10℃活动积温2 700℃以上，冬季极端最低气温不低于-37℃的地区栽培。在辽宁沈阳以北，植株越冬需下架简易防寒（下架枝蔓埋严土即可）。单臂篱架和小棚架栽培。采用固定主蔓龙干形整枝，开花前5～7 d在结果枝最前端花序前留4～5片叶摘心。初花期和盛花期各喷布1次0.3%的硼酸水溶液。雨季来临前的6月下旬，每隔10 d左右喷布1次等量180～200倍的波尔多液预防霜霉病。

36.北冰红的品种特点如何？

中国农业科学院特产研究所1995年用酿造干红山葡萄酒品种"左优红"做母本，用含酸低含糖高、果皮厚穗大的山-欧F_2代葡萄品系"84-26-53"做父本，进行种间杂交，从F_5代中选育出酿造冰红山葡萄酒的新品种"北冰红"。该品种2008年通过吉林省农作物品种审定委员会审定。生长势强。两性花。果穗圆锥形（见彩图34），平均159.5 g，果粒1.30 g，可溶性固形物含量18.9%～25.8%，总酸1.32%～1.48%，出汁率67.1%。萌芽率95.6%，坐果率34.6%，结果枝率100%，结果系数1.87。在吉林市地区5月上旬萌芽，6月中旬开花，9月下旬果实成熟。抗寒力近似贝达葡萄。12月上旬树上冰冻果实落粒率仅为11.1%，可酿制单品种冰红葡萄酒，陈酿3年的冰红原酒酒度11.78，含酸量1.14%，含糖量16.13%，干浸出物55.8 g/L。酒质好，深红宝石色，具浓郁的蜂蜜和杏仁复合香气。栽培12年仅发生较轻的霜霉病，病情指数平均为 8.31。适宜在年无霜期 125 d 以上，≥ 10℃活动积温 2 800℃以上，最低气温不低于 -37℃的山区或半山区栽培。沈阳以北地区植株越冬需下架简易防寒。固定主蔓龙干形整枝，开花前 5 ～ 7 d 在结果枝最前端花序前留 4 ～ 5 片叶摘心。初花和盛花期各喷布 1 次 0.3% 的硼酸水溶液。6 月下旬每 10 d 左右喷 1 次等量 180 ～ 200 倍的波尔多液预防霜霉病。冬季超短梢修剪。

37. 露地葡萄主要有哪些优良制汁品种？

主要有康可、康早、黑贝蒂、贝达、蜜而紫、卡托巴、蜜汁、玫瑰露、紫玫康、柔丁香、尼力拉等优良品种。

38. 康可的品种特点如何？

别名：康克、黑美汁。美洲种，原产于北美，是从野生的美洲葡萄实生苗中选出的。1963 年从日本引入我国。果实着生中等紧密（见彩图 35），平均粒重 2.3 ～ 2.8g，近圆形，蓝黑色，果粉厚，有肉囊，出汁率 70% 左右，可溶性固形物含量 15%，含酸量 0.65% ～ 0.9%。由它制成的葡萄汁，紫红色，甜酸，具浓郁的美洲种香味，适合欧美人士口味。康可是加工出口高级葡萄汁的良种，为世界上有名的制混汁的优良品种。植株生长势较强。结果枝率高，每一结果枝的平均果穗数在 2 个以上，较丰产。从萌芽到果实充分成熟的生长日数为 130 ～ 135d，活动积温为 2 800℃～ 2 900℃。在北京 8 月中旬、兴城 9 月上旬成熟，为中熟品种。适应性强。抗寒、抗病、抗湿能力均强，不裂果，无日灼，易于栽培。宜篱架栽培，中短梢修剪。在我国表现也很好，抗寒、抗病、适应性均强，易栽培管理。宜在各地进行专业性栽培。

39. 康早的品种特点如何？

别名：康拜尔早生。美洲种，原产于美国，1937 年引入我国。沈阳和南方一些地区有栽培。两性花。果穗中等大（见彩图 36），平均重 154g，圆锥形，带副穗，紧密。果粒大，平均重 4.2g，近圆形，紫黑色；果皮厚，肉软，多汁，有肉囊；出汁率 30%，含可溶性固形物 13.8%，含酸量 0.67%，味酸甜，有很浓的美洲种味。葡萄原汁紫红色，味酸甜，新鲜适口，回味深长，品质较佳，稳定性良好。树势中庸。结果枝率90.5%，每果枝平均1.7个果穗。在上海市，果实8月上中旬成熟。由萌芽至果实充分成熟约需要132 d，为中熟品种。抗寒、抗病、抗湿力强，产量高而稳定。

40. 黑贝蒂的品种特点如何？

欧美杂种。果穗中等大，平均重263g，圆锥形，带副穗，松散。果粒大，平均重3.6g，近圆形，紫红色，果皮中等厚；含可溶性固形物14.4%，含酸量0.66%，味酸甜，有肉囊，具美洲种味，每果实有种子2～5粒。果汁紫红鲜艳，均匀混浊，少有果肉沉淀，味酸甜爽口，有香味，是优良的制汁品种。树势中庸。结果枝率85%～90%，每果枝平均2.2个果穗。在河南郑州果实8月上旬成熟，为早熟品种。抗寒、抗病力强，产量较高，一年生成熟枝条红褐色。

41. 蜜汁的品种特点如何？

欧美杂交种。原产于日本，是泽登晴雄以奥林匹亚为母本、弗雷多尼亚四倍体为父本杂交育成的。1981年引入我国。东北地区及河北、北京等地有栽培。果穗中等大（见彩图37），平均穗重250g，圆锥形或圆柱形。果粒着生中等紧密或紧密，平均粒重7.73g，扁圆形，红紫色，果皮厚，肉质较软，有肉囊，果汁多，味酸甜，具美洲种味，可溶性固形物含量17.6%，含酸量0.61%，品质中上等。蜜汁为优良的制汁品种，生食风味亦佳。中国各地均可试栽。植株生长势中等或较弱。结果枝中等，产量中等。从萌芽到果实充分成熟的生长日数为130d左右，在北京8月中旬成熟，为中熟品种。适应性强。抗寒、抗湿、抗病能力均强，不裂果，无日灼。宜篱架栽培，中短梢修剪。副梢萌发力不强，易于管理。

42. 玫瑰露的品种特点如何？

欧美杂交种。原产于美国。1937年由日本引入我国。是日本的主栽品种，其栽培面积约占总面积的40%。在我国的一些科研生产单位有零星栽培。果穗小（见彩图38），重108～150g，圆柱形或圆柱圆锥形，副穗大。果粒着生紧密，粒重 1.33～1.8g，近圆形，玫瑰红色，皮中等厚，肉软汁中，有肉囊，味浓甜，有草莓香味，可溶性固形物含量 18.4%～20.4%，含酸量 0.55%～0.69%。品质中上等。玫瑰露除鲜食及制汁外，还可酿制甜白葡萄酒，也是葡萄酒的调味调香品种。日本山梨县发现玫瑰露四倍体品种（芽变），果穗平均重 200g，粒平均重 4g，产量提高了。植株生长势较弱。结果枝占芽眼总数的 42.0%～53.2%，每一结果枝的平均果穗数为 2.6～3.2 个，副梢结实力弱。产量较低。从萌芽到果实充分成熟的生长日数为 133～145d，活动积温为 2 912.7℃～3 416.9℃，在北京 8 月下旬至 9 月上旬成熟，为中熟品种。适应性强，抗寒、耐湿，抗白腐病能力强，无日灼，稍有裂果。宜篱架栽培，中短梢修剪。经赤霉素处理可形成无核果，果粒果穗增大。

43. 紫玫康的品种特点如何？

欧美杂交种。果穗圆锥形（见彩图 39），平均穗重 102.1g，果粒重 3.7～4.3g，果皮紫红色，果肉柔软多汁，有肉囊，含糖量 14%，含酸量 1.26%，味酸甜，有玫瑰香味，稍涩，鲜食品质中下，产量中等。出汁率 73%。汁紫红色，果香味浓，酸甜适口，风味醇厚，有新鲜感，汁液超过黑贝蒂，是我国南方制汁优良品种。

44. 柔丁香的品种特点如何？

别名安尔威因。似欧美杂种。在河北、陕西、辽宁等地有少量栽培。

果穗中等大（见彩图 40），平均重 230g，果粒着生疏松。果粒中等大，椭圆形；绿黄色，果粉厚，果皮中等厚，稍有肉囊，味甜，草莓香味浓，含糖量 17.2%。为优良的制汁品种，鲜食品质也较好，香气浓郁。树势中等。每果枝结 2 个果穗，着生于第 4,5 节。果实成熟一致，成熟前不易落粒。在辽宁兴城 5 月初开始萌芽，6 月上、中旬开始开花，新梢于 8 月上旬开始成熟，果实 9 月上旬开始成熟。生长日数为 130d 左右。产量中等。抗黑痘病强。适应性强，容易栽培，在夏季多雨地区栽培表现好。宜及时采收，不能存放，否则果粒易萎缩。

45. 尼力拉的品种特点如何?

别名奈格拉、绿香蕉。欧美杂交种。原产于美国。是康可和 Cassady 的杂交种。在我国东北、华北、华东、华中、西北和西南等地均有栽培。果穗中等大(见彩图 41),平均重 209g,圆柱形,或带小副穗,果粒着生密或中等紧密。果粒中等大,平均重 1.9g,近圆形;浅黄绿色,果粉中等厚,皮中厚,果肉多汁,软,味甜,有草莓香味,含糖量 16%,含酸量 0.6%,出汁率 60.5%。每果粒含种子 1～4 粒,以 2 粒较多;种子中等大,褐色。为鲜食与制汁兼用品种。树势中等。结果枝占总芽眼数的 64.8%,每果枝多结 2 个果穗,分别着生于第 4、5 节。副梢结实力强,副芽结实力弱。果实成熟一致。在辽宁兴城 5 月上旬萌芽,9 月上旬果实成熟,生长日数 128d,活动积温 2 664.0℃。品质较好,产量较高,抗病、抗湿力强,易于栽培。在东北中、北部表现良好,适于多雨地区栽培。

46. 露地葡萄主要有哪些优良制干品种?

主要有无核白、无核红、无核白鸡心和牛奶等优良品种。

47. 无核白的品种特点如何?

别名阿克基什米什(新疆维语)。欧亚种。原产于中亚和近东一带。约公元 3 世纪中叶传入新疆。我国栽培面积最多的是新疆吐鲁番地区和塔里木盆地,其他地区有少量栽培。两性花。果穗中或大,平均重 210～360g,长圆锥或歧肩圆锥,中紧。果粒中等大(见彩图 42),平均重 1.4～18g,椭圆形,黄绿色;果皮薄,肉脆,汁少,含可溶性固形物 21%～24%,含酸量 0.4%～0.8%,味酸甜。制干率 23%～25%,无核白皮薄,肉脆,无籽,含糖量高,是全世界生产葡萄干的最主要品种,约占新疆葡萄面积的 40%,也是品质极佳的鲜食、制罐品种。在干旱少雨、热量充足、年活动积温在 3 500℃以上的地区能生产出优质葡萄干。值得一提的是,当前甚为重视、大力推广的青提,原名也是 Thompson Seedless(无核白),粒重 7g 左右,显著大于我国栽培的无核白。树势强。结果枝率 36%～47%,每果枝平均 1.2 个果穗。在吐鲁番盆地,果实于 8 月下旬充分成熟。由萌芽至果实充分成熟需要 140d 左右,为中熟品种。一年生成熟枝条浅褐色。抗病性及抗寒性差。

48. 无核红的品种特点如何？

别名无核紫、马纽卡。欧亚种，东方品种群。原产于中亚。1870 年传入欧洲。1937 年引入我国。现在新疆各地均有栽培。两性花。果穗大，平均重 655g，圆锥形，果粒着生中等紧密（见彩图 43）。果粒中等大，平均重 2.4g，椭圆形；黑紫色，果粉薄；皮薄；果肉黄白色，脆，味甜，汁中多，含糖量 24%。无种子。为优良的制干与鲜食品种，品质极上。树势极强。结果枝占总芽眼数的 34.4%，结果枝少，每果枝结 1 个果穗，着生于第 5 节。在河北昌黎 4 月下旬萌芽，8 月中旬果实成熟，生长日数为 119d，活动积温 2 500℃。产量较高。果实耐贮运。进入结果期晚。适于干旱高温地区栽培，在多雨地区易得黑痘病及白腐病，产量很低。喷波尔多液过重易发生药害，浓度以 200～240 倍的石灰少量式波尔多液较安全。适于棚架整枝。

49. 牛奶的品种特点如何？

别名，马奶子、宣化葡萄、白牛奶。欧亚种。原产于中国。在河北宣化为主栽品种，新疆吐鲁番也有大面积栽培。果实黄绿色。果粒大（见彩图 44），长椭圆形。果穗大，圆锥形。果皮薄，果肉多汁，脆甜爽口，无香味。晚熟品种。品质上等。抗病性较弱，易患黑痘病、白腐病和霜霉病。有裂果现象，不耐贮运。

50. 设施葡萄生产选择哪些优良品种？

设施葡萄栽培成功与否的关键因素之一是品种选择。目前鲜食葡萄品种日新月异，新品种不断地引进和培育，品种更新速度加快，周期缩短。品种虽多，但不是任何品种都适合设施栽培，露地栽培表现良好的品种，不一定就适合高温、高湿、弱光照和二氧化碳浓度不足的设施环境。在新品种设施葡萄栽培中，由于选择不当，成花难、产量低的问题十分突出。因此，选择不同成熟期、色泽各异的适栽优良品种是当前设施葡萄生产的首要任务。中国农业科学院果树研究所葡萄课题组经过多年研究，在提出的设施葡萄适用品种评价体系基础上，制定出了设施葡萄适用品种的选择原则，并筛选出了设施葡萄的适用品种。

（1）促早栽培 ①品种选择的原则：选择需冷量／需热量低、果实发育期短的早熟或特早熟品种，以用于冬促早栽培和春促早栽培。选择多次结果能力强的品种，以用于秋促早栽培。选择耐弱光、花芽容易形成、着生节位低、坐果率高且连续结果能力强的早实丰产品种，以利于提高产量和连年丰产。选择生长势中庸的品种或利用矮化砧木，以易于调控，适于密植。选择粒大、松紧度适中、果粒大小整齐一致、质优、色艳和耐贮的品种，并且注意增加花色品种，克服品种单一化问题，以提高市场竞争力。着色品种需选择对直射光依赖性不强、散射光着色良好的品种，以克服设施内直射光减少、不利于葡萄果粒着色的弱光条件。选择生态适应性广，并且抗病性和抗逆性强的品种，或利用抗逆砧木，以利于生产无公害果品。在同一棚室定植品种时，应选择同一品种或成熟期基本一致的同一品种群的品种，以便统一管理；而不同棚室在选择品种时，可适当搭配，做到早、中、晚熟配套，花色齐全。②适用品种：无核白鸡心、夏黑、早黑宝、瑞都香玉、香妃、红香妃、乍娜、87-1、京蜜、京脆、维多利亚、藤稔、奥迪亚无核、巨玫瑰、火焰无核、红旗特早玫瑰、莎巴珍珠、巨峰、金星无核、红标无核（8612）、京秀、京亚、里扎马特、奥古斯特、矢富罗莎、红双味、紫珍香、优无核、黑奇无核（奇妙）、醉金香、布朗无核、玫瑰香、凤凰51和无核早红（8611）等在设施葡萄促早栽培中表现较好，在设施葡萄促早栽培品种选择中供参考。其中无核白鸡心、瑞都香玉、香妃、红香妃、乍娜、87-1、京蜜、京脆、红旗特早玫瑰、无核早红（8611）、红标无核（8612）、醉金香、维多利亚、奥迪亚无核、莎巴珍珠、金手指和玫瑰香等品种耐弱光能力较强，在促早栽培条件下具有极强的连年丰产能力，不需采取更新修剪等连年丰产技术措施即可实现连年丰产。同时通过2010～2013年连续4年的品种评价和筛选试验，结果表明：在供试的乍娜、红旗特早玫瑰、紫珍香、无核早红、红标无核、无核白鸡心、87-1、莎巴珍珠、京蜜、奥迪亚无核、香妃、红香妃、红双味、巨峰、优无核、京亚、巨玫瑰、藤稔、布朗无核、火星无核、夏黑、京秀、矢富罗莎共计23个品种中，87-1具有最强的耐弱光、耐高温高湿、耐低浓度二氧化碳能力，京蜜其次。

（2）延迟栽培　①品种选择的原则：选择果实发育期长且成熟后挂树品质保持时间长的晚熟和极晚熟品种；选择花芽容易形成、花芽着生节位低、坐果率高且连续结果能力强的早实丰产品种，以利于提高产量和连年丰产；选择粒大、松紧度适中、果粒大小整齐一致、质优、口味香甜和耐贮的品种，并且注意增加花色品种，克服品种单一化问题，以提高市场竞争力；选择生态适应性广，并且抗病性和抗逆性强的品种，或利用抗逆砧木，以利于生产无公害果品；在同一棚室定植品种时，应选择同一品种或成熟期基本一致的同一品种群的品种，以便统一管理；而不同棚室在选择品种时，可适当搭配，做到中、晚熟配套，花色齐全。②适用品种：利用推迟萌芽延迟果实采收技术，表现较好的品种主要有红地球、克瑞森无核、黄意大利和秋黑等。

三、葡萄速丰安全高效生产

1. 高光效省力化树形和叶幕形有哪些？

目前，在葡萄生产中，树形普遍采用多主蔓扇形和直立龙干形，叶幕形普遍采用直立叶幕形（即篱壁形叶幕），存在诸多问题，严重影响了葡萄的生产，如通风透光性差，光能利用率低；顶端优势强，易造成上强下弱；副梢长势旺，管理频繁，工作量大；结果部位不集中，成熟期不一致，管理不方便等。

中国农业科学院果树研究所葡萄课题组（国家葡萄产业技术体系栽培研究室建设依托单位）开展了以解决上述问题为目的的葡萄高光效省力化树形和叶幕形研究，经多年科研攻关，总结提出了系列高光效省力化树形和叶幕形，主要有单层水平龙干形、独龙干形、"H"形等高光效省力化树形，常常配合直立叶幕、倾斜叶幕和水平叶幕等高光效省力化叶幕形。采取上述树形和叶幕形，有利于机械化作业，能有效减轻工作量，提高果实品质。

2. 单层水平龙干形的结构特点是什么？如何整形？

单层水平龙干形是适于中短梢混合修剪或短梢修剪品种的一种树形。根据臂的数目分为单层单臂水平龙干形和单层双臂水平龙干形两种形式；根据主干是否倾斜又分为斜干水平龙干形（适于冬季下架埋土防寒地区）和直干水平龙干形（适于冬季不下架地区和设施栽培）两种形式。

适于篱架（新梢直立或倾斜绑缚时主干高度0.8～1.0m，新梢自由下垂时主干高度1.8～2.0m）或棚架（新梢水平绑缚，主干高度1.8～2.0m）栽培。新梢分为直立绑缚、倾斜绑缚、水平绑缚和自由下垂几种绑缚方式，直立绑缚时宜采用篱架架式，"V"形倾斜绑缚时宜采用"Y"形架式，水平绑缚时宜采用棚架架式,自由下垂时宜采用"T"形架式。新梢长度以 1.0～1.5m 为宜。如图 8、图 9。

定植当年,在主干要求高度处进行冬剪定干。第二年萌发后,选择主干顶端 1 个或 2 个壮芽萌发的新梢,冬剪时作为结果母枝,水平绑缚在铁线上,形成该树形的单臂或双臂。第三年后,臂上始终均匀保留一定数量的结果枝组(双枝更新枝组间距 30cm,单枝更新枝组间距 15～20cm),然后在其上方按照不同架式要求拉铁线,以绑缚新梢。整体而言,该树形光照好,下部主干部分通风较好,病害少,夏剪省工。我国早

图 8　直干单层单臂水平龙干形配合 "V 或 V+1" 形叶幕

图 9　直干单层双臂("T"形)水平龙干形配合水平叶幕

已引入这种树形,在不埋土区的酿酒葡萄上、南方 "Y" 形架上应用的 "T" 形及平棚架上应用的 "一" 字树形等即为此种。为适度提高产量,则将双臂水平形改为四臂水平形,很似小 "H" 形。也可以利用一穴定植两株苗木进行树形培养,形成变通式双臂水平龙干形树形。冬季需下架埋藤防寒地区整形时需要注意的是在主干基部形成 "压脖弯" 构造,以便于下架防寒和上架绑缚,防止主干被折断。

3. 独龙干形的结构特点是什么？如何整形？

独龙干树形主要在冬季需下架埋藤防寒的北方应用,适用于平棚架或倾斜式棚架。独龙干树形的主蔓总长度一般在 4～6m,完成整形时间需 3～4 年。在无霜期小于 160 d 的较冷凉或土壤条件较差的地区,栽苗第一年宜完成壮苗,第二年放条以加速主蔓生长,第三年边结果边放条,第四年完成整形,即进入盛果期。独龙蔓之间的间距拉大到 2.0～2.5m,使新梢均匀平绑在棚架上,互不交叉。需要注意的是,结果枝组在龙蔓上的起步高度要因地制宜：冷凉且

夏季比较干燥的地区，葡萄生长季节畦面需要见到太阳直射光，以提高土壤温度，故需在棚面上留出较宽的光道，为不影响产量，增加亩有效架面，龙蔓结果枝组培养高度可定在1m；北方暖温带且夏季雨水偏多地区，龙蔓结果枝组高度应提高到1.5m，待完成独龙干树形后，宜保留棚面部位的结果枝组，篱面部位不留结果枝组，以利于改善葡萄园微气候环境，减少病虫害滋生，提高葡萄食品安全性。同样为便于冬季下架埋藤防寒和春季上架绑缚，该树形主干基部必须具备"压脖弯"构造。

4. "H"形的结构特点是什么？如何整形？

该树形是日本近年在水平连棚架上推出的最新葡萄树形，一般用于平地葡萄园。该树形整形规范，新梢密度容易控制，修剪简单，易于掌握；结果部位整齐，果穗基本呈直线排列，利于果穗和新梢管理。定植苗当年要求选留1个强壮新梢做主干，长度达2.5m以上，否则当年培育不出第一亚干，需第二年继续培养。主干高度基本与架高相等，在到达架面时，培养左右相对称的第一、二亚干，亚干总长度1.8～2.0m，然后从亚干前端各分出前后2个主蔓，共4个平行主蔓，与主干、亚干组成树体骨架，构成"H"形。主蔓上直接着生结果母枝或枝组，可以在1m长的主蔓上着生12～14个新梢。冬剪时，作为骨干枝的各级延长枝，根据整形需要和树势强弱剪截，要求剪口截面直径达1cm以上，以加速整形；结果母枝一般留2～3芽短截，遇到光秃部位可适当增加结果母枝留芽量，以补足空缺。

5. 葡萄在何时冬剪适宜？

冬季，从落叶后到第二年开始生长之前，任何时候修剪都不会显著影响植株体内碳水化合物营养，也不会影响植株的生长和结果。在北方冬季埋土越冬地区，冬季修剪在落叶后必须抓紧时间及早进行；在南方非埋土越冬地区，冬季修剪可落叶3～4周后至伤流前进行，时间一般在自然落叶1个月后至翌年1月间，此时树体进入深休眠期。

6.葡萄冬剪时主要有哪几种修剪方法？

（1）短截　是指将一年生枝剪去一段留下一段的剪枝方法，是葡萄冬季修剪的最主要手法。根据剪留长度的不同，分为极短梢修剪（留1芽或仅留隐芽）（如图10）、短梢修剪（留2～3芽）（如图11）、中梢修剪（留4～6芽）

图10　极短梢修剪

图11　短梢修剪

图12　中梢修剪

图13　长梢修剪

（如图12）、长梢修剪（留7～11芽）（如图13）和极长梢修剪（留12芽以上）（如图14）等修剪方式。根据花序着生的部位确定选取什么样的修剪方式，这与品种特性、立地生态条件、树龄、整形方式、枝条发育状况及芽的饱满程度息息相关。一般情况下，对花序着生部位1～3节的品种采取极短梢、短梢或中短梢修剪，如巨峰等；花序着生部位4～6节的品种采

图14　极长梢修剪

取中短梢混合修剪，如红地球等；花序着生部位不确定的品种，采取长短梢混合修剪，如克瑞森无核等。欧美杂交种对剪口粗度要求不严格，欧亚种葡萄剪口粗度则以 0.8 cm 以上为好，如红地球、无核白鸡心等。

（2）疏剪　把整个枝蔓（包括一年生和多年生枝蔓）从基部剪除的修剪方法，称为疏剪。具有如下作用：疏去过密枝，改善光照和营养物质的分配；疏去老弱枝，留下新壮枝，以保持生长优势；疏去过强的徒长枝，留下中庸健壮枝，以均衡树势；疏除病虫枝，防止病虫害的危害和蔓延。如图 15、图 16。

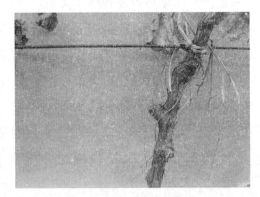

图 15　疏剪前　　　　　　　　　　　　　图 16　疏剪后

（3）缩剪　把两年生以上的枝蔓剪去一段留一段的剪枝方法，称为缩剪。主要作用有：更新转势，剪去前一段老枝，留下后面新枝，使其处于优势部位；防止结果部位的扩大和外移；疏除密枝、改善光照，如缩剪大枝可均衡树势。如图 17、图 18。

图 17　缩剪前　　　　　　　　　　　　　图 18　缩剪后

以上三种修剪方法，以短截法应用最多。

7. 葡萄冬剪时如何进行枝蔓的更新？

（1）结果母枝的更新 结果母枝更新的目的在于避免结果部位逐年上升外移和造成下部光秃，修剪手法有：①双枝更新（如图19）。结果母枝按所需要的长度剪截，将其下面邻近的成熟新梢留2芽短剪，作为预备枝。预备枝在翌年冬季修剪时，上一枝留作新的结果母枝，下一枝再行极短截，使其形成新的预备枝；原结果母枝于当年冬剪时被回缩掉，以后逐年采用这种方法依次进行。双枝更新要注意预备枝和结果母枝的选留，结果母枝一定要选留那些发育健壮充实的枝条，而预备枝应处于结果母枝下部，以免结果部位外移。②单枝更新（如图20）。冬季修剪时不留预备枝，只留结果母枝。翌年萌芽后，选择下部良好的新梢，培养为结果母枝。单枝更新的母枝剪留不能过长，一般应采取短梢修剪，不使结果部位外移。

图19　双枝更新修剪　　　　　　　　图20　单枝更新修剪

（2）多年生枝蔓的更新 经过年年修剪，多年生枝蔓上的"疙瘩""伤疤"增多，影响输导组织的畅通。另外对于过分轻剪的葡萄园，下部出现光秃，结果部位外移，造成新梢细弱，果穗果粒变小，产量及品质下降，遇到这种情况就需对一些大的主蔓或侧枝进行更新。①大更新：凡是从基部除去主蔓进行更新的称为大更新。在大更新以前，必须积极培养从地表发出的萌蘖或从主蔓基部发出的新枝，使其成为新蔓，当新蔓足以代替老蔓时，即可将老蔓除去。②小更新：对侧蔓的更新称为小更新。一般在肥水管理差的情况下，侧蔓4～5年需要更新一次，一般采用回缩修剪的方法。

8. 葡萄冬剪时留芽量以多少为宜？

在树形结构相对稳定的情况下，每年冬季主要的修剪对象是一年生枝。修剪的主要工作就是疏掉一部分枝条和短截一部分枝条。单株或单位土地面积在冬剪后保留的芽眼数被称为单株芽眼负载量或亩芽眼负载量。适宜的芽眼负载量是保证来年适量的新梢数和花序、果穗数的基础。冬剪留芽量的多少主要决定因素是产量的控制标准。我国不少葡萄园在冬季修剪时对应留芽量通常是处于盲目的状态。多数情况是留芽量偏大，这是造成高产低质的主要原因。以温带半湿润地区为例，要保证良好的葡萄品质，每亩（667m²）产量应控制在1 500kg以下。巨峰品种冬季留芽量，一般每亩留6 000芽，即每4个芽保留1kg果；红地球等不易形成花芽的品种，亩留芽量要增加30%。南方亚热带湿润地区，年日照时数少，亩产应控制在1 000kg以下，但葡萄形成花芽也相对差些，通常每5～7个芽保留1kg果。因此，冬剪留芽量不仅需要看产量指标，还要看地域生态环境、品种及管理水平。

9. 在葡萄生产中，夏季修剪的作用是什么？

夏季修剪，是指萌芽后至落叶前的整个生长期内所进行的修剪。修剪的任务是调节树体养分分配，确定合理的新梢负载量与果穗负载量，使养分能充足供应果实；调控新梢生长，维持合理的叶幕结构，保证植株通风透光；平衡营养与生殖生长，既能促进开花坐果，提高果实的质量和产量，又能培育充实健壮、花芽分化良好的枝蔓；使植株便于田间管理与病虫害防治。

10. 夏季修剪中抹芽、疏梢和新梢绑缚如何进行？

抹芽（如图21）和疏梢（如图22、图23）是葡萄夏季修剪的第一项工作，根据葡萄种类、品种萌芽率、抽枝能力、长势强弱、叶片大小等进行。春季萌

图21 抹芽前后

图 22　疏梢前后（双梢去一）

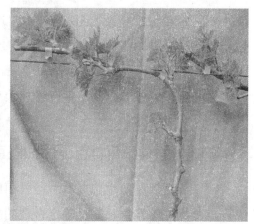

图 23　疏梢前后（过密梢和多余梢）

图 24　定梢绳绑缚

芽后，新梢长至 3～4cm 时，每 3～5d 分期分批抹去多余的双芽、三生芽、弱芽和面地芽等。当芽眼生长至 10cm，基本已显现花序时或 5 叶 1 心期后陆续抹除多余的枝，如过密枝、细弱枝、面地枝和外围无花枝等。当新梢长至 40cm 左右时，根据栽培架式，保留结果母枝上由主芽萌发的带有花序的健壮新梢，而将副芽萌生的新梢除去，在植株主干附近或结果枝组基部保留一定比例的营养枝，以培养翌年结果母枝，同时保证当年葡萄负载量所需的光合面积。北方地区，在土壤贫瘠条件下或生长势弱的品种，亩留梢量 4 000 ～ 6 000 个为宜；反之，生长势强旺、叶片较大及大穗型品种或在土壤肥沃、肥水充足的条件下，每个新梢需要较大的生长空间和较多的主梢和副梢，亩留梢量 3 000 ～ 4 000 个为宜。定梢结束后及时对新梢利用绑梢器或尼龙线夹压或缠绕固定的方法进行绑蔓，以使葡萄架面枝梢分布均匀，通风透光良好，叶果比适当。如图 24。

11. 夏季修剪中摘心如何进行？

（1）主梢摘心　主梢摘心一般采取两次成梢技术。对于坐果率低的品种如巨峰等，新梢在开花前 7d 左右进行第一次摘心，以提高坐果率；待新梢长至总长 130cm 左右时进行第二次摘心。对于坐果率高的品种如红地球等，新梢在花后的坐果期甚至更晚进行第一次摘心，以达到使部分果粒脱落减轻疏粒工作的目的；待新梢长至总长 130cm 左右时进行第二次摘心。摘心标准：将小于正常叶三分之一处的梢尖掐去。

（2）副梢管理　一般情况下，新梢第一次摘心后，留顶端副梢继续生长，其余副梢留一片叶绝后摘心；新梢第二次摘心后，顶端副梢留 4 片叶反复摘心，其余副梢留一片叶绝后摘心。

（3）主梢和副梢免修剪管理　新梢处于水平或下垂生长状态时，新梢顶端优势受到抑制，本着简化修剪、省工栽培的目的，提出免夏剪的方法供参考，即主梢和副梢不进行摘心处理。较适应该法的品种、架式及栽培区：棚架、"T"形架和"Y"形架栽植的品种，对夏剪反应不敏感（不摘心也不会引起严重落花落果、大小果）的品种和新疆产区（气候干热）栽植的品种，上述情况下务必通过肥水调控、限根栽培或烯效唑化控等技术措施，使树相达到中庸状态方可采取免夏剪的方法。

12. 夏季修剪中环剥或环割如何进行?

环剥(如图25)或环割(如图26)的作用是在短期内阻止上部叶片合成的碳水化合物向下输送,使养分在环剥口以上部分贮藏。环剥有多种生理效应,如花前1周进行能提高坐果率,花后幼果迅速膨大期进行可增大果粒,软熟着色期进行可提早浆果成熟期等。环剥或环割以部位不同可分为主干、结果枝、结果母枝环剥或环割。环剥宽度一般3~5mm,不伤木质部;环割一般连续4~6道,深达木质部。

图25 环剥

图26 环割

13. 夏季修剪中除卷须和摘老叶如何进行?

卷须是葡萄借以附着攀缘的器官,在生产栽培条件下卷须对葡萄生长发育作用不大,反而会消耗营养,缠绕枝蔓给管理带来不便,应该及时剪除。葡萄叶片生长是一个由缓慢到快速再到缓慢的过程,呈"S"形曲线。葡萄成熟前

图27 除卷须

图28 摘老叶

图29 扭梢

为促进上色，可将果穗附近的2～3片老叶摘除，以利于光照，但不宜过早，以采收前10d为宜。长势弱的树体不宜摘叶。如图27、图28。

14. 夏季修剪中扭梢如何进行?

对新梢基部进行扭梢可显著抑制新梢旺长。于开花前进行扭梢可显著提高葡萄坐果率，于幼果发育期进行扭梢可促进果实成熟和改善果实品质及促进花芽分化。如图29。

15. 如何进行园地的土壤改良?

针对土壤的不良性状和障碍因素，采取相应的物理或化学措施，改善土壤性状，提高土壤肥力，增加作物产量，以及改善人类生存土壤环境的过程称为土壤改良。土壤是树体生存的基础，葡萄园土壤的理化性质和肥力水平等影响着葡萄的生长发育以及果实产量和品质。土壤贫瘠、有机质含量低、结构性差、漏肥漏水严重、保温保湿性差、土壤强碱性导致微量元素固定、氮磷钾养分供应能力低等是我国葡萄稳产优质栽培的主要障碍，因此持续不断地改良和培肥土壤是我国葡萄园稳产栽培的前提和基础。土壤改良工作一般根据各地的自然条件和经济条件，因地制宜地制定切实可行的规划，逐步实施，以达到有效地改善土壤生产性状和环境条件的目的。

（1）土壤改良过程 ①保土阶段：采取工程或生物措施，使土壤流失量控制在容许流失量范围内。如果土壤流失量得不到控制，土壤改良亦无法进行。对于耕作土壤，首先要进行农田基本建设，实现田、林、路、渠、沟的合理规划。②改土阶段：其目的是增加土壤有机质和养分含量，改良土壤性状，提高土壤肥力。改土措施主要是种植豆科绿肥或多施农家肥。当土壤过沙或过黏时，可采用沙黏互掺的办法。

（2）土壤改良技术途径　土壤的水肥气热等肥力因素的发挥受土壤物理性质、化学性质以及生物学性质的共同影响，因此在土壤改良过程中可以选择物理、化学以及生物学的方法对土壤进行综合改良。①物理改良：采取相应的农业、水利、生物等措施，改善土壤性状，提高土壤肥力的过程称为土壤物理改良。具体措施有：适时耕作，增施有机肥，改良贫瘠土壤；客土、漫沙、漫淤等，改良过沙过黏土壤；平整土地；设立灌、排渠系，排水洗盐、种稻洗盐等，改良盐碱土；植树种草，营造防护林，设立沙障，固定流沙，改良风沙土等。②化学改良：用化学改良剂改变土壤酸性或碱性的技术措施称为土壤化学改良。常用化学改良剂有石灰、石膏、磷石膏、氯化钙、硫酸亚铁和腐殖酸钙等，视土壤的性质而择用。如对碱化土壤需施用石膏、磷石膏等以钙离子交换出土壤胶体表面的钠离子，降低土壤的 pH。对酸性土壤，则需施用石灰性物质。化学改良必须结合水利等措施，才能取得更好的效果。

葡萄为多年生树种，因而贫瘠土壤区最值得推崇的土壤改良方法是建园时合理规划，包括开挖 80～100 cm 深、80 cm 宽的定植沟，将秸秆、家畜粪肥、绿肥、过磷酸钙等大量填入沟内，引导根系深扎，为稳产创造良好的基础条件。葡萄生长发育过程中，每年坚持在树干两侧开挖 30 cm 左右的施肥沟，或通过播肥机将有机肥均匀地施入土壤，能够促进新根的大量发生，增强葡萄根系吸收功能，为高产创造条件。

16. 土壤耕作主要有哪些方法？

土壤耕作制度又称土壤管理系统，主要有以下几种方式：清耕法、生草法、覆盖法、免耕法和清耕覆盖法等。目前运用最多的是清耕法、生草法和覆盖法。在具体生产中，应该根据不同地区的土壤特点、气候条件、劳动力情况和经济实力等各种因素因地制宜地灵活运用不同的土壤管理方法，以在保证土壤可持续利用的基础上最大限度地取得好的经济效益。

17. 清耕法的优缺点是什么？清耕如何操作？

清耕法指在植株附近树盘内结合中耕除草、施基施或追施化肥、秋翻秋耕等进行的人工或机械耕作方式，常年保持土壤疏松无杂草的一种果园土壤管理

图30 树盘清耕

方法。全园清耕有很多优点，如可提高早春地温，促进葡萄发芽；保持土壤疏松，改善土壤通透性，加快土壤有机物的腐熟和分解，有利于葡萄根系的生长和对肥水的吸收；还能控制果园杂草，减少病虫害的寄生源，降低果树虫害密度和病害发生率，同时减少或避免杂草与果树争夺肥水。但全园清耕也有一些缺陷，如清耕把表层20cm土壤内的大量起吸收作用的毛根破坏，养分吸收受限制，影响花芽的形成和果实的糖度及色泽；清耕还会促使树体的徒长，导致晚结果、少结果，降低产量；清耕使地面裸露，加速地表水土流失；清耕比较费工，增加了管理成本。

尽管有一些不足，清耕法至今仍是我国使用最广泛的果园土壤管理方法。主要因为葡萄园各项技术操作频繁，人在行间走动多，土壤易板结，所以清耕是目前较常用的葡萄园土壤管理方法。如图30树盘清耕。

土壤清耕的范围可根据行间的大小和根系分布范围进行。篱架行距较小，可隔行分次轮换进行，离开植株50cm以外；棚架行距较大，可在根系分布范围附近进行深翻，离开植株80cm以外，深翻应结合施肥进行。春季可选择萌芽前进行中耕，深度为10～15cm，结合施催芽肥，全园翻耕。

18. 生草法的优缺点是什么？生草如何操作？

图31 树盘生草

葡萄园生草法是指在葡萄园行间或全园长期种植多年生植物的一种土壤管理办法，分为人工种草和自然生草两种方式，适于在年降水量较多或有灌水条件的地区。生草一般在葡萄行间进行。如图31、图32。

人工种草多用豆科或禾本科等矮秆、适应性强的草种，如毛叶苕子、三叶草、鸭茅草、黑麦草、百脉根和苜蓿

图 32　行间生草

等；自然生草利用田间自有草种即可。当草高 30cm 左右时，留茬 5 ～ 8cm 割除，割除的草可覆盖在树盘或行间，使其自然分解腐烂或结合畜牧养殖过腹还田，增加土壤肥力。人工种草一般在秋季或春季深翻后播种草种，其中秋季播种最佳，可有效解决生草初期滋生杂草的问题。

　　葡萄园生草的优点：减少土壤冲刷，增加土壤有机质，改善土壤理化性质，使土壤保持良好的团粒结构，防止土壤暴干暴湿，保墒，保肥，提高品质；改善葡萄园生态环境，为病虫害的生物防治和生产绿色果品创造条件；减少葡萄园管理用工，便于机械化作业（生草果园可以保证机械作业随时进行，即使是在雨后或刚灌溉的土地上，机械也能进行作业，如喷洒农药、生长季修剪、采收等，这样可以保证作业的准时，不误季节）；经济利用土地，提高果园综合效益。当然，生草果园也存在和覆草管理相似的缺点，如果园不易清扫、增加病虫源等问题，针对这些缺点，应相应地加强管理。

19. 覆盖法的优缺点是什么？覆盖如何操作？

　　覆盖栽培是一种较为先进的土壤管理方法，适于在干旱和土壤较为瘠薄的地区应用，利于保持土壤水分和增加土壤有机质。葡萄园常用的覆盖材料为地膜或麦秸、麦糠、玉米秸、稻草等。一般于春夏覆盖黑色地膜，夏秋覆盖麦秸、麦糠、玉米秸、稻草或杂草等，覆盖材料越碎越细越好。如图 33 树盘覆盖。

图33 树盘覆盖

覆草多少根据土质和草量情况而定，一般每亩平均覆干草1 500kg以上，厚度15～20cm，上面压少量土，每年结合秋施基肥深翻。果园覆盖法具有以下几个优点：保持土壤水分，防止水土流失；增加土壤有机质；改善土壤表层环境，促进树体生长；提高果实品质；浆果生长期内采用果园覆盖措施可使水分供应均衡，防止因土壤水分剧烈变化而引起裂果；减轻浆果日灼病。覆盖法也有一些缺点，如葡萄树盘上覆草后不易灌水。另外，由于覆草后果园的杂物包括残枝落叶、病烂果等不易清理，为病虫提供了栖息繁殖场所，增加了病虫来源，因此，在病虫防治时，要对树上树下细致喷药，以防加剧病虫危害。

20. 葡萄生产中基肥如何施用？

基肥又称底肥，以有机肥料为主，同时加入适量的化肥。露地栽培和设施延后栽培一般在葡萄根系第二次生长高峰前施入基肥。而设施促早栽培葡萄，对于非耐弱光品种，如巨峰和夏黑无核等需更新修剪方能连年丰产的品种，一般在果实采收且更新修剪后施入基肥，以含氮高的鸡粪和猪粪等为主，并加入适量氮肥，如尿素和磷酸二铵等；对于耐弱光品种，如无核白鸡心等不需更新修剪即能连年丰产的品种，一般在果实采收后施入基肥，以牛羊粪为最好，并加入适量钾肥等。

基肥施用量根据当地土壤情况、树龄、结果多少等情况而定，一般果、肥重量比为1:2，即每公顷产量22 500kg需施入优质腐熟有机肥45 000kg。施基肥多采用沟施或穴施。一般每2年1次，最好每年1次，施肥沟距主干40～50cm。

21. 葡萄生产中追肥如何施用？

追肥又叫补肥，在生长期进行，以促进植株生长和果实发育，以化肥为主。一般情况下，每生产1 000kg果实，全年需要从土壤中吸收6～10kg的氮（N，利用率 30％左右）、3～5kg 的磷（P_2O_5，利用率 40％左右）、6～12kg 的钾（K_2O，利用率 50％左右）、6～12kg 的钙（CaO，利用率 40％左右）和 0.6～1.8kg 的镁（MgO，利用率 40％左右）。

（1）萌芽前追肥　萌芽前追肥主要补充基肥不足，以促进发芽整齐、新梢和花序发育。埋土防寒区在出土上架整畦后、不埋土防寒区在萌芽前半月进行追肥，追肥后立即灌水。追肥时注意不要碰伤枝蔓，以免引起过多伤流，浪费树体营养。对于上年已经施入足量基肥的，本次追肥不需进行。萌芽前后吸收的氮占全年吸收量的 14％，吸收的磷占全年吸收量的 16％，吸收的钾占全年吸收量的 15％，吸收的钙占全年吸收量的 10％，吸收的镁占全年吸收量的10％。

（2）花前追肥　萌芽、开花、坐果需要消耗大量营养物质。但在早春，根系吸收能力差，主要消耗贮藏养分。若树体营养水平较低，此时氮肥供应不足，会导致大量落花落果，影响营养生长，对树体不利，故生产上应注意这次施肥。对落花落果严重的品种如巨峰系品种，花前一般不宜施入氮肥。若树势旺，基肥施入数量充足时，花前追肥可推迟至花后。开花前后及花期吸收的氮占全年吸收量的 14％，吸收的磷占全年吸收量的 16％，吸收的钾占全年吸收量的 11％，吸收的钙占全年吸收量的 14％，吸收的镁占全年吸收量的 12％。

（3）花后追肥　花后幼果和新梢均迅速生长，需要大量的氮素营养，施肥可促进新梢正常生长，扩大叶面积，提高光合效能，利于碳水化合物和蛋白质的形成，减少生理落果。花前和花后肥相互补充，如花前已经追肥，花后不必追肥。

（4）幼果生长期追肥　幼果生长期是葡萄需肥的临界期。及时追肥不仅能促进幼果迅速发育，而且对当年花芽分化、枝叶和根系生长有良好的促进作用，对提高葡萄产量和品质亦有重要作用。此次追肥宜氮、磷、钾配合施用，如施用硫酸钾复合肥，尤其要重视磷钾肥的施用。对于长势过旺的树体，此次追肥注意控制氮肥的施用。幼果生长期吸收的氮占全年吸收量的 38％，吸收的磷占全年吸收量的 40％，吸收的钾占全年吸收量的 50％，吸收的钙占全年吸收量的 46％，吸收的镁占全年吸收量的 43％。

（5）果实生长后期即果实着色前追肥　这次追肥主要解决果实发育和花芽分化的矛盾，而且能显著促进果实糖分积累和枝条正常老熟。对于晚熟品种，此次追肥可与基肥结合进行。果实转色至成熟不施氮肥和磷肥，吸收的钾占全年吸收量的 9%，吸收的钙占全年吸收量的 8%，吸收的镁占全年吸收量的 13%。果实采收后秋施基肥，吸收的氮占全年吸收量的 34%，吸收的磷占全年吸收量的 28%，吸收的钾占全年吸收量的 15%，吸收的钙占全年吸收量的 22%，吸收的镁占全年吸收量的 22%。

（6）硼、锌等微肥的施用 硼肥以花前 1 周、幼果发育期和果实采收后三个时期喷施为宜，其中秋季喷施或土施效果最佳。锌肥以盛花前 2 周到坐果期、秋季落叶前两个时期喷施或土施为宜。

（7）忌氯 葡萄是忌氯作物，切忌施用含氯化肥，否则会造成氯离子中毒。

22. 设施葡萄矿物质营养吸收有什么特点？施肥需遵循什么原则？

经多年科研攻关，中国农业科学院果树研究所葡萄课题组研究发现，设施葡萄具有如下特点：①土壤温度低，根系吸收功能下降，导致根系对氮、磷、钾、钙、镁、硫、铁、锰、铜、锌、钼、硼等矿物质元素的吸收效率低；②叶片大而薄，气孔密度低，空气湿度高，蒸腾作用弱，矿物质元素的主要运输动力——蒸腾拉力小，导致植株体内矿物质元素的运输效率低。因此，设施葡萄对矿物质营养的吸收利用率低于露地葡萄，容易出现缺素症状。

在上述研究的基础上，中国农业科学院果树研究所葡萄课题组提出了"减少土壤施肥、强化叶面喷肥、重视微肥施用"的设施葡萄施肥三原则。

23. 氨基酸系列叶面肥效果如何？

在国家葡萄产业技术体系、国家科技成果转化项目、辽宁省中小企业创新基金、葫芦岛科技攻关重大专项等国家、省部及地方项目的资助下，中国农业科学院果树研究所经多年攻关，根据露地葡萄和设施葡萄的年营养吸收运转规律，研制出氨基酸系列叶面肥（如图 34、图 35），获得了国家发明专利（ZL2010 1 0199145.0），并进行批量生产【安丘鑫海生物肥料有限公司，生产批号：农肥（2014）准字 3578 号】。

多年多点的示范推广效果表明，自盛花期开始喷施氨基酸系列叶面肥，可

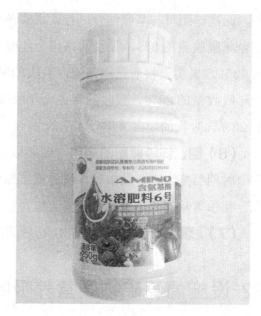

图 34　叶面肥（袋装）　　　　　　　　　图 35　叶面肥（瓶装）

显著改善葡萄的叶片质量，表现为叶片增厚，比叶重增加，栅栏组织和海绵组织增厚，栅栏组织、海绵组织厚度比增大；叶绿素 a、叶绿素 b 和总叶绿素含量增加；同时可提高叶片净光合速率，延缓叶片衰老；改善葡萄的果实品质，果粒大小、单粒重及可溶性固形物含量、维生素 C 含量和 SOD 酶活性明显增加，使果粒表面光洁度明显提高，并显著提高果实成熟的一致性；显著提高葡萄枝条的成熟度，改善葡萄植株的越冬性；同时显著提高叶片的抗病性。

24. 根外追肥的作用及注意事项是什么？

根外追肥又称叶面喷肥，是将肥料溶于水中，稀释到一定浓度后直接喷于植株上，通过叶片、嫩梢和幼果等吸收进入植株体内。主要优点是经济、省工、肥效快，可迅速克服缺素症状，对于提高果实产量和改进品质有显著效果。但是根外追肥不能代替土壤施肥，两者各有特点，只有以土壤施肥为主，根外追肥为辅，相互补充，才能发挥施肥的最大效益。

根外追肥要注意天气变化。夏天炎热，温度过高，宜在 10 时前或 16 时后进行，以免喷施后水分蒸发过快，影响叶面吸收和发生肥害；雨前也不宜喷施，以免使肥料流失。

25. 氨基酸系列叶面肥如何施用？

葡萄对矿物质营养的需求随生育期的不同而变化，因此在葡萄不同的生长发育阶段需喷施配方不同的氨基酸叶面肥。具体操作如下：展 3～4 片叶开始至花前 10d，每 7～10d 喷施 1 次 800～1 000 倍的含氨基酸的氨基酸 1 号叶面肥，以提高叶片质量；花前 10d 和 2～3d 各喷施 1 次 600～800 倍的含氨基酸硼的氨基酸 2 号叶面肥，以提高坐果率；坐果至果实转色前每 7～10d 喷施 1 次 600～800 倍的含氨基酸钙的氨基酸 4 号叶面肥，以提高果实硬度；果实转色后至果实采收前，每 5～10d 喷施 1 次 600～800 倍的含氨基酸钾的氨基酸 5 号叶面肥。若要套袋，则以种子发育期至果实刚刚着色前套袋为宜，利于钙元素吸收。

26. 氮缺乏或过剩有什么症状？

（1）氮缺乏症状 植株生长受阻，叶片失绿黄化，叶柄和穗轴及新梢呈粉红色或红色等（见彩图 45）。氮在植物体内移动性强，可从老龄组织转移至幼嫩组织中，因此老叶先开始褪绿，逐渐向上部叶片发展，新叶小而薄，呈黄绿色，易早落、早衰；花、芽及果均少，产量低。

（2）氮过剩症状 枝梢旺长，叶色深绿，严重者叶缘现白盐状斑，叶片水浸状、变褐，果实成熟期推迟，果实着色差、风味淡，严重者导致早期穗轴坏死和后期穗轴坏死（水罐子病）（见彩图 46）及春热病的发生。

27. 氮缺乏或过剩发生的原因是什么？

（1）氮缺乏发生的原因 ①土壤含氮量低。如沙质土壤，易发生氮素流失、挥发和渗漏，因而含氮低；或者土壤有机质少、熟化程度低、淋溶强烈，如新垦红黄壤等。②多雨季节，土壤因结构不良而内部积水，导致根系吸收不良，引起缺氮。③葡萄抽梢、开花、结果所需的养分，主要靠上年贮藏在树体内的养分来满足，如上年栽培不当，会影响树体氮素贮藏，易发生缺氮。④施肥不及时或数量不足，易造成秋季抽发新梢及果实膨大期缺氮；大量施用未腐熟的有机肥料，因微生物争夺氮源也易引起缺氮。

（2）氮过剩发生的原因 ①施氮过多；②施氮偏迟；③偏施氮肥，磷、钾等配施不合理，养分不平衡。

28. 如何避免氮缺乏或过剩症状的发生？

（1）氮缺乏　以增施有机肥提高土壤肥力为基础，合理施肥，加强水分管理。

（2）氮过剩　根据葡萄不同生育期的需氮特性和土壤的供氮特点，适时、适量地追施氮肥，严格控制用量，避免追施氮肥过迟；合理配施磷、钾及其他养分元素，以保持植株体内氮、磷、钾等养分的平衡。

29. 磷缺乏或过剩有什么症状？

（1）磷缺乏症状　叶小，叶色暗绿，红色和紫色品种有时叶柄及背面叶脉呈紫色或紫红色。黄色或绿色品种则从老叶开始，叶缘先变为金黄色，然后变成褐色，继而失绿，叶片坏死干枯。易落花，果实发育不良，果实成熟期推迟，产量低。缺磷对生殖生长的影响早于营养生长。见彩图47。

（2）磷过剩症状　磷素过多抑制氮、钾的吸收，并使土壤中或植物体内的铁不能活化，植株生长不良，叶片黄化，产量降低，还能引起锌素不足。

30. 磷缺乏或过剩发生的原因是什么？

（1）磷缺乏发生的原因　①土壤有机质不足；土壤过酸，磷与铁、铝生成难溶性化合物而固定；碱性土壤或施用石灰过多的土壤，磷与土壤中的钙结合，使磷的有效性降低；土壤干旱缺水，影响磷向根系扩散。②施氮过多，施磷不足，营养元素不平衡。③长期低温，少光照，果树根系发育不良，影响磷的正常吸收。

（2）磷过剩发生的原因　主要是由于目前施用磷肥或一次施磷过多造成的。

31. 如何避免磷缺乏或过剩症状的发生？

（1）磷缺乏　①改土培肥。在酸性土壤上配施石灰，调节土壤pH，减少土壤对磷的固定；同时增施有机肥，改良土壤。②合理施用。酸性土壤宜选择钙镁磷肥、钢渣磷肥等含石灰质的磷肥，中性或石灰性土壤宜选用过磷酸钙。③水分管理。灌水时最好采用温室内预热的水，以提高地温，促进葡萄根系生长，增加对土壤磷的吸收。

（2）磷过剩 停止施用磷肥，增施氮钾肥，以消除磷素过剩。

32. 钾缺乏或过剩有什么症状？

（1）钾缺乏症状 缺钾时，常引起碳水化合物和氮代谢紊乱，蛋白质合成受阻，植株抗病力降低。早期症状为正在发育的枝条中部叶片叶缘失绿，绿色葡萄品种的叶片颜色变为灰白或黄绿色，而黑色葡萄品种的叶片则呈红色至古铜色，并逐渐向脉间伸展，继而叶向上或向下卷曲。严重缺钾时，老叶出现许多坏死斑点，叶缘枯焦、发脆、早落；果实小，穗紧，成熟度不整齐；浆果含糖量低，着色不良，风味差。见彩图48。

（2）钾过剩症状 钾过剩阻碍植株对镁、锰和锌的吸收而出现缺镁、缺锰或缺锌等症状。

33. 钾缺乏或过剩发生的原因是什么？

（1）钾缺乏发生的原因 ①土壤供钾不足。红黄壤、冲积物发育的泥沙土、浅海沉积物发育的沙性土及丘陵山地新垦土壤等，土壤含钾低或质地粗，土壤钾素流失严重，有效钾不足。②大量偏施氮肥，而有机肥和钾肥施用少。③高产园钾素携出量大，土壤有效钾亏缺严重。④土壤中施入过量的钙和镁等元素，因拮抗作用而诱发缺钾。⑤排水不良，土壤还原性强，根系活力降低，对钾的吸收受阻。

（2）钾过剩发生的原因 主要是由于施钾过量所致。

34. 如何避免钾缺乏或过剩症状的发生？

（1）钾缺乏 ①增施有机肥，培肥地力，合理施用钾肥。②控制氮肥用量，保持养分平衡，减少缺钾症的发生。③排水防渍。防止因地下水位高，土壤过湿，影响根系呼吸或根系发育不良，阻碍果树对钾的吸收。

（2）钾过剩 少施或暂停施用钾肥，合理增施氮磷肥。

35. 钙缺乏或过剩有什么症状?

（1）钙缺乏症状 缺钙能使葡萄果实硬度下降,贮藏性变差。缺钙影响氮的代谢或营养物质的运输,不利于铵态氮的吸收,蛋白质分解过程中产生的草酸不能很好地被中和而对植物产生伤害。新根短粗、弯曲,尖端不久褐变枯死;叶片变小,严重时枝条枯死和花朵萎缩。叶呈淡绿色,幼叶脉间及边缘褪绿,脉间有灰褐色斑点,继而边缘出现针头大的坏死斑,茎蔓先端枯死。新梢嫩叶上形成褪绿斑,叶尖及叶缘向下卷曲,几天后褪绿部分变成暗褐色,并形成枯斑。见彩图49。

（2）钙过剩症状 钙素过多,土壤偏碱而板结,使铁、锰、锌、硼等成为不溶性的,导致果树缺素症的发生。

36. 钙缺乏或过剩发生的原因是什么?

（1）钙缺乏发生的原因 ①缺钙与土壤pH或其他元素过多有关。当土壤强酸性时,有效钙含量降低;含钾量过高也会造成钙的缺乏。②土壤有效钙含量低。由酸性火成岩或硅质砂岩发育的土壤,以及强酸性泥炭土和蒙脱石黏土,或者交换性钠高、交换性钙低的盐碱土均易引起缺钙。③施肥不当。偏施化肥,尤其是过多使用生理酸性肥料如硫酸钾、硫酸铵,或在防治病虫害中,经常施用硫黄粉,均会造成土壤酸化,促使土壤中可溶性钙流失,造成缺钙。有机肥用量少,不仅钙的投入少,而且土壤对保存钙的能力也弱,尤其是沙性土壤中有机质缺乏,更容易发生缺钙。④土壤水分不足。干旱年份因土壤水分不足,易导致土壤中盐浓度增加,会抑制果树根系对钙的吸收。

（2）钙过剩发生的原因 主要是由于施钙过量所致。

37. 如何避免钙缺乏或过剩症状的发生?

（1）钙缺乏 ①控制化肥用量,喷施钙肥。对于缺钙严重的果园,不要一次性用肥过多,特别要控制氮钾肥的用量。②施用石灰或石膏。对于酸性土壤应施用石灰,一般每提高土壤一个单位pH,即从pH 5矫正到pH 6时,每公顷沙性土壤需施100kg消石灰,黏土则需4 000kg消石灰,但一次用量以不超过2 000kg为宜;对于pH超过8.5的果园,应施用石膏,一般用量为

1 200～1 500kg。③灌水。土壤干旱缺水时，应及时灌水，以免影响根系对钙的吸收。

（2）钙过剩 少施或暂停施用钙肥。

38. 镁缺乏或过剩有什么症状？

（1）镁缺乏症状 缺镁叶片脉间变为黄色,进而成褐色,但叶脉仍保持绿色,呈网状失绿叶,严重时黄化区逐渐坏死,叶片早期脱落。缺镁严重时叶片有枯焦,但叶片较完整。缺镁症状一般从老叶开始,逐渐向上延伸。见彩图50。

（2）镁过剩症状 镁素过多引起其他元素如钙和钾的缺乏。

39. 镁缺乏发生的原因是什么？

1）土壤含镁量低的，如花岗岩、片麻岩、红砂岩及第四纪红色黏土发育的红黄壤。

2）质地粗的河流冲积物发育的酸性土壤；含钠盐高的盐碱土及草甸碱土。

3）大量施用石灰、过量施用钾肥以及偏施铵态氮肥，易诱发缺镁。

4）温暖湿润，高度淋溶的轻质壤土，使交换性镁含量降低。

40. 如何避免镁缺乏症状的发生？

1）增施有机肥；土壤施入镁石灰、钙镁磷肥和硫酸镁等含镁肥料，一般镁石灰每公顷施入 750～1 000kg，或用钙镁磷肥 600～750kg。

2）叶面喷施氨基酸镁等含镁叶面肥，迅速矫正缺镁症。

41. 硼缺乏或过剩有什么症状？

（1）硼缺乏症状 新梢顶端叶片边缘出现淡黄色水渍状斑点，以后可能坏死，幼叶畸形，叶肉皱缩，节间短，卷须出现坏死。老叶肥厚，向背反卷。严重缺硼时，主干顶端生长点坏死，并出现小的侧枝，**枝条脆**，未成熟的枝条往往出现裂缝或组织损伤；花蕾不能正常开放，有时花冠干枯脱落，花帽枯萎依附在子房上，花粉败育，落花落果严重，浆果成熟期不一致，小粒果多，果穗扭曲畸形，产量、品质降低；根系短而粗，肿胀并形成结。见彩图 51。

（2）硼过剩症状 叶片边缘出现淡黄色水渍状斑点，以后可能坏死，向背反卷；叶肉皱缩，节间短，卷须出现坏死。

42. 硼缺乏或过剩发生的原因是什么？

（1）硼缺乏发生的原因 ①土壤条件。在耕层浅、质地粗的砂砾质酸性土壤上，由于强烈的淋溶作用，土壤有效硼降至极低水平，极易发生缺硼症。②气候条件。干旱时土壤水分亏缺，硼的迁移或吸收受抑制，容易诱发缺硼。③氮肥施用过多。偏施氮肥容易引起氮和硼的比例失调以及稀释效应，加重果树缺硼。④雨水过多或灌溉过量易造成硼离子淋失，尤其是对于沙滩地葡萄园，由此造成的缺硼现象较为严重。

（2）硼过剩发生的原因 果树硼中毒易发生在硼砂和硼酸厂附近，也可能发生在干旱和半干旱地区。这些地区土壤和灌溉水中含硼量较高，当灌溉水含硼量大于 1mg/L 时，就容易发生硼过剩。同时硼肥施用过多或含硼污泥施用过量都会引起硼中毒。

43. 如何避免硼缺乏或过剩症状的发生？

（1）硼缺乏 增施有机肥，改善土壤结构，注意适时适量灌水，合理施肥。

（2）硼过剩 控制硼污染；酸性土壤适当施用石灰，可减轻硼毒害；灌水淋洗土壤，减少土壤有效硼含量。

44. 锌缺乏有什么症状？

缺锌枝条细弱，新梢叶小密生，节间短，顶端呈明显小叶丛生状，树势弱，叶脉间叶肉黄化，呈花叶状。严重缺锌时，枝条死亡，花芽分化不良，落花落果严重，果穗和果实均小，果粒不整齐，无籽小果多，果实大小粒严重，产量显著下降。见彩图 52。

45. 锌缺乏发生的原因是什么？

①土壤条件。缺锌主要发生在中性或偏碱性的钙质土壤和有机质含量低的贫瘠土壤。前者土壤中锌的有效性低，后者有效锌供应不足。②施肥不当。过量施用磷肥不仅对果树根系吸收锌有明显的拮抗作用，还会因为果树体内磷、锌比失调而降低锌在树体内的活性，诱发缺锌。

46. 如何避免锌缺乏症状的发生？

①合理施肥。在低锌土壤上要严格控制磷肥用量；在缺锌土壤上则要做到磷肥与锌肥配合施用；同时还应避免磷肥的过分集中施用，防止局部磷、锌比失调而诱发葡萄缺锌。②增施锌肥。土施硫酸锌时，每公顷用 15 ～ 30kg，并根据土壤缺锌程度及固锌能力进行适当调整。值得注意的是，锌肥的残效较明显，因此，无须年年施用。③锌在土壤中移动性很差，在植物体中，当锌充足时，可以从老组织向新组织移动，但当锌缺乏时，则很难移动。④从增施有机肥等措施做起，补充树体锌元素最好的方法是叶面喷施。

47. 铁缺乏有什么症状？

新梢叶片失绿，在同一病梢上的叶片，症状自下而上加重，甚至顶芽叶簇几乎漂白；叶脉常保持绿色，且与叶肉组织的界限清晰，形成鲜明的网状花纹，少有污斑杂色及破损。严重缺铁时，白化叶持续一段时间后，在叶缘附近也会出现烧灼状焦枯或叶面穿孔，提早脱落，呈枯梢状；坐果稀少甚至不坐果，果粒变小，色淡无味，品质低劣。见彩图53。

48. 铁缺乏发生的原因是什么？

①土壤条件。缺铁大多发生在碱性土壤上，尤其是石灰性或次生石灰性土壤，如石灰性紫色土及浅海沉积物发育成的滨海盐土。这是因为土壤 pH 高，铁的有效性降低；土壤溶液中的钙离子与铁存在拮抗作用；碳酸氢根离子积累，使铁活性减弱。另外，土壤中有效态的铜、锌、锰含量过高对铁吸收有明显的拮抗作用，也会引起缺铁症。②施肥不当。大量施用磷肥会诱发缺铁。主

要是土壤中过量的磷酸根离子与铁结合形成难溶性的磷酸铁盐，使土壤有效铁减少；果树吸收过量的磷酸根离子也能与铁结合成难溶性化合物，影响铁在果树体内的转运，妨碍铁参与正常的代谢活动。③气候条件。多雨促发果树缺铁。雨水过多导致土壤过湿，会使石灰性土壤中的游离碳酸钙溶解产生大量的碳酸氢根离子，同时又通气不良，根系和微生物呼吸作用产生的二氧化碳不能及时逸出到大气中也引起碳酸氢根离子的积累，从而降低铁的有效性，导致缺铁。

49. 如何避免铁缺乏症状的发生？

①改良土壤。矫正土壤酸碱度，以改善土壤结构和通气性，提高土壤中铁的有效性和葡萄根系对铁的吸收能力。②合理施肥。控制磷、锌、铜、锰肥及石灰质肥料的用量，以避免这些营养元素过量对铁的拮抗作用。③选用耐缺铁砧木，能有效预防缺铁症的发生；施用铁肥，如氨基酸铁，采取多次叶面喷施、树干注射和埋瓶等方法。④缺铁症一旦发生，其矫正比较困难，应以预防为主。

50. 锰缺乏或过剩有什么症状？

（1）锰缺乏症状　缺锰新叶脉间失绿，呈淡绿色或淡黄绿色，叶脉仍保持绿色，但多为暗绿色，失绿部分有时会出现褐斑，严重时失绿部分呈苍白色，叶片变薄，提早脱落，形成秃枝或枯梢；根尖坏死；坐果率降低，果实畸形，果实成熟不均匀等。见彩图54。

（2）锰过剩症状　功能叶叶缘失绿黄化甚至焦枯，呈棕色至黑褐色，提早脱落。

51. 锰缺乏或过剩发生的原因是什么？

（1）锰缺乏发生的原因　①土壤条件。多发生在耕层浅、质地粗的山地沙土和石灰性土壤，如石灰性紫色土和滨海盐土等。前者地形高凸，淋溶强烈，土壤有效锰供应不足；后者pH高，锰的有效性低。②耕作管理措施不当。过量施用石灰等强碱性肥料，会使土壤有效锰含量在短期内急剧降低，从而诱发缺锰。另外，施肥及其他管理措施不当，也会导致土壤溶液中铜、铁、锌等离子含量过高，引起缺锰症的发生。

（2）锰过剩发生的原因　①施肥不当。大量施用铵态氮肥及酸性和生理酸性肥料，会引起土壤酸化，水溶性锰含量剧增，导致锰过剩症的发生。②气候条件。降水过多，土壤渍水，有利于土壤中锰的还原，活性锰增加，促发锰过剩症。

52. 如何避免锰缺乏或过剩症状的发生？

（1）锰缺乏　①改良土壤。一般可施入有机肥和硫黄粉。②土壤和叶面施肥。每公顷土壤施入 15～30kg 硫酸锰，叶面喷施氨基酸锰或硫酸锰（0.05%～1.0%）可迅速矫正。

（2）锰过剩　①改良土壤环境。适量施用石灰（每公顷 750～1 500kg），以中和土壤酸度，可降低土壤中锰的活性。此外，应加强土壤水分管理，及时开沟排水，防止因土壤渍水而使大量锰还原，促发锰中毒。②合理施肥。施用钙镁磷肥、草木灰等碱性肥料及硝酸钙、硝酸钠等生理碱性肥料，可中和部分土壤酸度，降低土壤中锰的活性。尽量少施过磷酸钙等酸性肥料和硫酸铵等生理酸性肥料，避免诱发锰中毒症。

53. 氯中毒有什么症状？

受害植株叶片边缘先失绿，进而变成淡褐色，并逐渐扩大到整叶，过 1～2 周开始落叶，先叶片脱落，进而叶柄脱落。受害严重时，整株落叶，随着果穗萎蔫，青果转为紫褐色后脱落；新梢枯萎，新梢上抽生的副梢也受害，引起落叶、枯萎，最终引起整株枯死。见彩图 55。

54. 氯中毒发生的原因是什么？

施肥不当。大量施用氯化钾或氯化铵及含氯复混肥是引起果树氯害的主要原因，尤其是将肥料集中施在根际时更易引起氯害。

55. 如何避免氯中毒的发生？

①控制含氯化肥的施用，特别是控制含氯化钾和氯化铵的"双氯"复混肥

的施用量，以防因氯离子过多而造成对果树的危害。②当发现产生氯害时，应及时把施入土中的肥料移出，同时叶面喷施氨基酸钾、氨基酸硒等叶面肥以恢复树势。如受害严重，需进行重剪，以尽快恢复其生产能力。

56. 葡萄的主要灌溉时期有哪些？

葡萄的耐旱性较强，只要有充足、均匀的降雨一般不需要灌溉。但我国大部分葡萄生长区降水量分布不均匀，多集中在葡萄生长中、后期，而在生长前期则干旱少雨，因此，根据具体情况，适时灌水对葡萄的正常生长十分必要。葡萄植株需水有明显的阶段特异性，从萌芽至开花对水分需求量逐渐增加，开花后至开始成熟前是需水最多的时期，幼果第一次迅速膨大期对水分胁迫最为敏感，进入成熟期后，对水分需求变少、变缓。

（1）催芽水 北方当葡萄出土上架至萌芽前 10d 左右，结合追肥而灌一次水，叫催芽水，可促进植株萌芽整齐，有利于新梢早期迅速生长。埋土区在葡萄出土上架后，结合施催芽肥立即灌水。灌水量以湿润 50cm 以上土层即可，过深会影响地温的回升。埋土浅的区域，常因土壤干燥而引起抽条。因此，在葡萄出土前、早春气温回升后灌一次水，能明显防止抽条。南方葡萄萌芽期、开花期，正是雨水多的季节，不缺水，要注意排水。

（2）促花水 北方春季干旱少雨，葡萄从萌芽至开花需 44d 左右，一般灌 1～2 次水，又叫催穗水，促进新梢、叶片迅速生长和花序的进一步分化与增大。花前最后一次灌水，不应迟于始花前 1 周。这次水要灌透，使土壤水分能保持到坐果稳定后。北方个别园忽视花前灌水，一旦出现较长时间的高温干旱天气，即会导致葡萄花期前后出现严重的落蕾落果，尤其是中庸或弱树势的植株。开花期切忌灌水，以防加剧落花落果。但对易产生大小果且坐果过多的品种，花期灌水可起疏果和疏小果的作用。

（3）幼果期（坐果后至浆果种子发育末期） 结合施肥进行灌水，此期应有充足的水分供应。随果实负载量的不断增加，新梢的营养生长明显缓弱。此期应加强肥水，增强副梢叶量，防止新梢过早停长。灌水次数视降雨情况酌定。进入 7 月后，降雨增多，此时葡萄处于种子发育后期，要加强灌水，防止高温干旱引起表层根系伤害和早期落叶。沙土区葡萄根群分布极浅，枝叶嫩弱，遇干旱极易引起落叶。试验结果表明，先期水分丰富、后期干燥区落叶最严重，同时影响其他养分的吸收，尤其是磷的吸收，其次是钾、钙、镁的吸收。土壤保持70％田间持水量，果个及品质最优。过湿区（70％～80％）则影响糖度的增加。

（4）浆果成熟期　在干旱年份，适量灌水对保证产量和品质有好处。但在葡萄浆果成熟前应严格控制灌水，对于鲜食葡萄应于采前15～20d停止灌水；对于酿酒品种采前1个月开始严格限制灌水。这一阶段如遇降雨，应及时排水。

（5）采果后　采果后，结合施基肥灌水1次，促进营养物质的吸收，有利于根系的愈合及发生新根；遇秋旱时应灌水。

（6）封冻水　在葡萄埋土后土壤封冻前，应灌1次透水，以利于葡萄安全越冬。

以上各灌溉时期，应根据当时的天气状况决定是否灌水和灌水量的大小。强调浇匀、浇足、浇遍，不得跑水或局部积水，地块太顺的要求打拦水格，保证浇透。

57. 在葡萄生产中如何排水？

葡萄在雨量大的地区，如土壤水分过多，会引起枝蔓徒长，延迟果实成熟，降低果实品质，严重的会造成根系缺氧，抑制呼吸，引起植株死亡。因此，在设计果园时应安排好果园排水系统。排水沟应与道路建设、防风林设计等相结合，一般在主干路的一侧，与园外的总排水干渠相连接，在小区的作业道一侧设有排水支渠。如果条件允许，排水沟以暗沟为好，可方便田间作业，但在雨季应及时打开排水口，及时排水。

58. 葡萄的适宜灌水量是多少？

最适宜的灌水量，应在一次灌水中使葡萄根系集中分布范围内的土壤湿度达到最有利于生长发育的程度。多次只浸润表层的浅灌，既不能满足根系对水分的需要，又容易引起土壤板结和温度降低，因此要一次灌透。葡萄在不同时期对水分的需求及反应如图36。

（1）萌芽前后至开花期　葡萄上架后，应及时灌水，此期正是葡萄开始生

梢尖弯曲，水分供应充足　梢尖直立，水分胁迫适度　梢尖停长干枯，水分胁迫过度

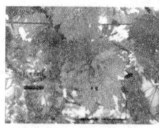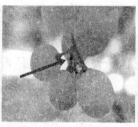

基部老叶绿色变淡，黄　穗尖果梗表面出现轻　穗尖果粒开　水分胁迫过度，穗
化老叶出现轻微死斑　微坏死斑　始变软　尖果梗干枯坏死

图36　葡萄在不同时期对水分的需求及反应

长和花序原基继续分化的时期，及时灌水可促进发芽整齐和新梢健壮生长。此期使土壤湿度保持在田间最大持水量的65％～75％。

（2）**坐果期**　此期为葡萄的需水临界期。如水分不足，叶片和幼果争夺水分，常使幼果脱落，严重时导致根毛死亡，地上部生长明显减弱，产量显著下降。土壤湿度宜保持在田间最大持水量的60％～70％。此期适度干旱可使授粉受精不良的小青粒自动脱落，减少人工疏粒用工量。

（3）**果实迅速膨大期**　此期既是果实迅速膨大期又是花芽大量分化期，及时灌水对果树发育和花芽分化有重要意义。土壤湿度宜保持在田间最大持水量的70％～80％。此期保持新梢梢尖呈直立生长状态为宜。

（4）**浆果转色至成熟期**　土壤湿度宜保持在田间最大持水量的55％～65％。此期维持基部叶片颜色略微变浅为宜，待果穗尖部果粒比上部果粒软时需要及时灌水。

（5）**采果后和休眠期**　采果后结合深耕施肥适当灌水，有利于根系吸收和恢复树势，并增强后期光合作用。冬季土壤冻结前，必须灌一次透水。冬灌不仅能保证植株安全越冬，而且对下一年生长结果也十分有利。

59. 在葡萄生产中主要有哪些灌溉技术？

在葡萄生产中主要有沟灌、滴灌、微喷灌、根系分区交替灌溉等节水灌溉技术。

（1）沟灌 沟灌是目前生产中采用最多的一种灌溉方式，即顺行向做灌水沟，通过管道将水引入浇灌。沟灌时的水沟宽度一般为 0.6～1.0m。与漫灌相比，可节水 30% 左右。

图 37　滴灌

图 38　水肥一体化

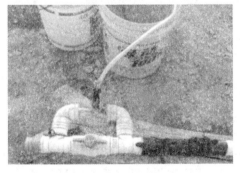

图 39　文丘里施肥器

（2）滴灌（如图 37）　滴灌是通过特制滴头点滴的方式，将水缓慢地送到作物根部的灌水方式。滴灌的应用从根本上改变了灌溉的概念，从原来的"浇地"变为"浇树、浇根"。滴灌可明显减少水分的蒸发，避免地面径流和深层渗漏，可节水、保墒、防止土壤盐渍化，而且不受地形影响，适应性广。滴灌具有如下优点：①节水，提高水的利用率。传统的地面灌溉需水量极大，而真正被作物吸收利用的量却不足总供水量的 50%，这对我国大部分缺水地区无疑是资源的巨大浪费，而滴灌的水分利用率却高达 90% 左右，可节约大量水分。②减小果园空气湿度，减少病虫害发生。采用滴灌后，果园的地面蒸发大大降低，果园内的空气湿度与地面灌溉园相比会显著下降，减轻了病虫害的发生和蔓延。③提高劳动生产率。在滴灌系统中有施肥装置，可将肥料随灌溉水直接送入葡萄植株根部（如图 38、图 39），减少施肥用工，并且肥效提高，节约肥料。④降低生产成本。由于减少果园灌溉用工，实现了果园灌溉的自动化，从而使生产成本下降。⑤适应性强。滴灌不用平整土地，灌水速度可快可慢，不会产生地面径流或深层渗漏，适用于任何地形和土壤类型。如果滴灌与覆盖栽培相结合，效果更佳。

（3）微喷灌　为了克服滴灌设施造价高，而且滴灌带容易堵塞的问题，同时又要达到节水的目的，我国独创了微喷灌的灌溉形式。微喷灌即将滴灌带换为微喷灌带，而且对水的干净程度要求较低，不易堵塞微喷口。在灌溉水带上均匀打眼即成微喷灌带。但微喷灌带能够均匀灌溉的长度不如滴灌带长。

（4）根系分区交替灌溉　根系分区交替灌溉是在植物某些生育期或全部生育期交替对部分根区进行正常灌溉，其余根区则进行人为的水分胁迫灌溉，刺激根系吸收补偿功能，调节气孔保持最适开度，达到以不牺牲光

图40　根系分区交替灌溉

合产物积累、减少奢侈蒸腾而节水高产优质的目的。试验结果表明：根系分区交替灌溉可以有效控制营养生长，减少修剪量，显著降低用工量；同时显著改善果实品质；显著提高水分和肥料利用率，与全根区灌溉相比，根系分区交替灌溉可节水30%～40%。该灌溉方法与覆盖栽培、滴灌或微喷灌相结合效果更佳。如图40。

60. 花穗整形主要有什么作用？

　　花穗整形是花果管理的重要技术措施之一，主要作用有：①控制葡萄果穗大小，利于果穗标准化。一般葡萄花穗有1 000～1 500个小花，正常生产仅需50～100个小花结果，通过花穗整形，可以控制果穗大小，符合标准化栽培的要求。例如日本商品果穗要求450～500g/穗，我国很多地方藤稔要求1 000g/穗。②提高坐果率，增大果粒。通过花序（穗）整形有利于集中花期营养，提高保留花朵的坐果率，有利于增大果实。③调节花期一致性。通过花穗整形可使开花期相对一致，对于采用无核化或膨大处理，有利于掌握处理时间，提高无核率。④调节果穗的形状。通过花穗整形，可按人为要求调节果穗形状，整成不同形状的果穗，如利用副穗，把主穗疏除大部分，形成情侣果穗。

⑤减少疏果工作量。葡萄花穗整形，疏除小穗，操作比较容易，一般疏花穗后疏果量较少或不需要疏果。

61. 无核栽培模式花穗整形如何操作？

（1）花穗整形的时期　开花前1周到花初开为最适宜时期。

（2）花穗整形的方法　①巨峰系品种如巨峰、藤稔、夏黑、先锋、翠峰、巨玫瑰、醉金香、信浓笑、红富士等品种在我国南方地区一般留穗尖3～3.5cm，8～10段小穗，50～55个花蕾，400～500g/穗；在我国北方地区一般留穗尖4.5～6.0 cm，12～18段小穗，60～100个花蕾，500～700g/穗。②二倍体品种如魏可、红高、白罗莎里奥等品种在我国南方地区一般留穗尖4～5cm，在我国北方地区一般留穗尖5.5～6.5 cm。③幼树、坐果不稳定的适当轻剪穗尖（去除5个花蕾左右）。如图41。

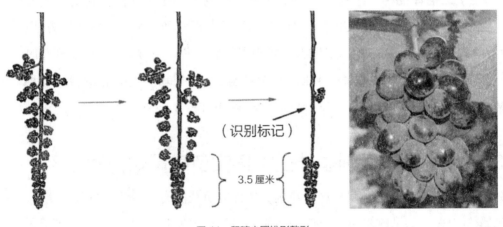

（识别标记）

3.5厘米

图41　留穗尖圆锥形整形

62. 有核栽培模式花穗整形如何操作？

巨峰、白罗莎里奥、美人指等品种间有核栽培的花穗管理差异较大。四倍体巨峰系品种总体结实性较差，不进行花穗整理容易出现果穗不整齐现象。二倍体品种坐果率高，但容易出现穗大、粒小、含糖量低、成熟度不一致等现象。

（1）巨峰系品种　①花穗整形的时期。一般小穗分离，小穗间可以放入手指，大概开花前1～2周到花盛开。过早，不易区分保留部分；过迟，影响坐果。栽培面积较大的情况下，先去除副穗和上部部分小穗，到时保留所需的花穗。

②花穗整形的方法。副穗及以下 8～10 小穗去除，保留 15～20 小穗，去穗尖；花穗很大（花芽分化良好）时保留下部 15～20 小穗，不去穗尖。开花前 5～6.5cm 为宜，果实成熟时果穗成圆球形（或圆柱形）400～700g。如图 42。

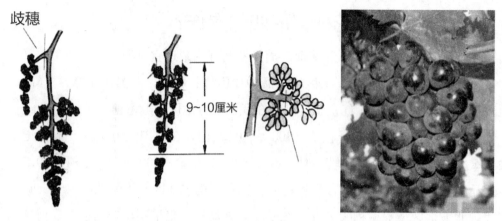

歧穗

9~10厘米

图42　留中间圆柱形整形

（2）二倍体品种　①花穗整形的时期。花穗上部小穗和副穗花蕾有花开始，到花盛开时结束，对于坐果率高的品种可于花后整穗。②花穗整形的方法。为了增大果实用赤霉酸 GA_3 处理的，可利用花穗下部 16～18 段小穗（开花时 6～7cm），穗尖基本不去除（或去除几个花蕾）；常规栽培（不用 GA_3），花穗留先端 18～20 段小穗，8～10cm，穗尖去除 1cm。

63. 疏穗的基本原则是什么？果实负载量如何确定？

根据树的负载能力和目标产量决定。树体的负载能力与树龄、树势、地力、施肥量等有关。如果树体的负载能力较强，可以适当地多留一些果穗；而对于弱树、幼树、老树等负载能力较弱的树体，应少留果穗。树体的目标产量则与品种特性和当地的综合生产水平有关，如果品种的丰产性能好，当地的栽培技术水平也较高，则可以适当地多留果穗；反之，则应少留果穗。

葡萄单位面积的产量＝单位面积的留果穗数 × 果穗重，而果穗重＝果粒数 × 果粒重。因此，可以根据目标（计划）产量和品种特性确定单位面积的留果穗数。品种的特性决定了该品种的粒重，可以依据市场上对果穗要求的大小和所定的目标产量准确地确定单位面积的留果穗数。

通常花前除花序可根据目标产量预留 2～3 倍的花序。花后除果穗可以是

1.5～2倍,最后达到1.2倍左右。目标产量一般露地栽培以1 000～1 500kg/亩、设施栽培以1 500～2 000kg/亩为宜,如目标产量过高,必将影响果粒大小和果实品质。

64. 何时疏穗为宜?

一般情况下坐果后越早越好,可以减少养分的浪费,以便集中养分供应果粒的生长。但是每一果穗的着生部位、新梢的生长情况、树势、环境条件等都对疏穗的时间有所影响。疏穗一般要在花后进行一两次,对于生长势较强的树种来说,花前的疏穗可以适当轻一些,花后可以适当重一些。对于生长势较弱的品种,花前的疏穗可以适当重一些。

65. 疏穗如何操作?

根据新梢的叶片数来决定果穗的留取,一般负担1个果穗需25～40片叶。一般情况下可以将着粒过稀或过密的首先除去,选留一些着粒适中的果穗。露地栽培和设施延迟栽培疏穗一般疏去基部的,留新梢前端的果穗,而设施促早栽培疏穗一般疏去新梢前端的,留基部的果穗。

66. 疏果粒的作用是什么?

疏果粒是将每一穗的果粒调整到一定要求的一项作业,其目的在于促使果粒大小均匀、整齐、美观,果穗松紧适中,防止落粒,便于贮运,以提高其商品价值。

67. 何时疏果粒为宜?

通常与疏穗一起进行,如果劳动力充足也可以分开进行,对大多数品种在结实稳定后越早进行疏粒越好,增大果粒的效果也越明显。但对于树势过强且落花落果严重的品种,疏果时期可适当推后;对有种子果实来说,由于种子的存在对果粒大小影响较大,最好等落花后能区分出果粒是否含有种子时再进行,比如巨峰、藤稔要求在盛花后15～25d完成这项作业。

68. 疏果粒需遵循的基本原则是什么？

果粒大小除了受到本身品种特性的影响外，还受到开花前后子房细胞分裂和在果实生长过程中细胞膨大的影响。要使每一品种的果粒大小特性得到充分发挥，必须确保每一果粒的营养供应充足，也就是说果穗周围的叶片数要充分。另外，果粒与果粒之间要留有适当的发展空间，这就要求栽培者必须根据品种特性进行适当的摘粒。每一穗的果穗重、果粒数以及平均果粒重都有一定的要求。巨峰葡萄如果每果粒重要求在 12g 左右，而每一穗果实重 300 ～ 350g，则每一穗的果粒数要求 25 ～ 30 粒。在我国，目前还没有针对不同的品种制定出适合市场需求的果穗、果粒大小等具体指标。应该研究不同品种最适宜的果穗、果粒大小，使品种特性尽可能地得以发挥，同时还要考虑果穗形状以便提高其贮运性。

69. 疏果粒如何操作？

不同的品种疏果粒的方法有所不同，主要分为除去小穗梗和除去果粒两种方法，对于过密的果穗要适当除去部分支梗，以保证果粒增长的适当空间；对于每一支梗中所选留的果粒数也不可过多，通常果穗上部可适当多一些，下部适当少一些。虽然每一个品种都有其适宜的疏果粒方法，但只要掌握了留支梗的数目和疏果粒后的穗轴长短，一般不会出现太大问题。如图 43。

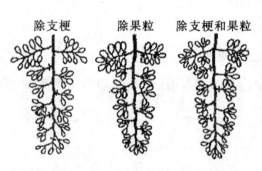

图 43　疏果粒

70. 如何选择纸袋？

葡萄专用袋的纸张应具有较大的强度，耐风吹雨淋、不易破碎，有较好的透气性和透光性，避免袋内温湿度过高。不要使用未经国家注册的纸袋。

纸袋规格，巨峰系品种及中穗形品种一般选用 22cm×33 cm 和 25cm×35 cm

规格的果袋，而红地球等大穗品种一般选用 28cm×36 cm 规格的果袋。如图 44。

图 44　葡萄套袋栽培

此外，还需根据品种选择果袋，如巨峰、红地球等红色或紫色品种一般选择白色果袋；如要促进果实成熟及钙元素的吸收，可选用蓝色或紫色果袋。意大利、醉金香等绿色或黄色品种一般选择红色、橙色或黄色等深色果袋。根据不同地区的生态条件选择果袋，如在昼夜温差过大地区和土壤黏重地区，红地球等存在着色过深问题，可采取选择红色、橙色或黄色等深色果袋解决；如在气温过高容易发生日灼的地区可选用绿色果袋。根据栽培模式选择果袋，如设施延迟栽培中，可选择绿色或黑色等深色果袋达到延长果实生育期、延迟果实成熟的目的。

71. 何时套袋？如何套袋？

（1）**套袋时间**　一般在葡萄开花后 20～30d，即生理落果后果实玉米粒大小时进行，在辽宁西部地区红地球葡萄一般在 6 月下旬至 7 月上旬进行套袋；如为了促进果粒对钙元素的吸收，提高果实耐贮运性，可将套袋时间延迟到种子发育期至果实刚刚开始着色或软化前进行，但多雨地区需注意加强病害防治。同时要避开雨后高温或阴雨连绵后突然放晴的天气进行套袋，一般要经过 2～3d，待果实稍微适应高温环境后再套袋。

（2）**套袋方法**　在套袋之前，果园应全面喷布一遍杀菌剂，重点喷布果穗，蘸穗效果更佳，待药液晾干后再行套袋。先将袋口端 6～7cm 浸入水中，使其湿润柔软，便于收缩袋口。套袋时，先用手将纸袋撑开，使纸袋鼓起，然后由下往上将整个果穗全部套入袋中央处，再将袋口收缩到果梗的一侧（禁止在果梗上绑扎纸袋）。穗梗上,用一侧的封口丝扎紧。套袋时严禁用手揉搓果穗。

套袋后，进行田间管理时要注意，尽量不要碰到果穗部位。

72. 何时摘袋？如何摘袋？

摘袋应根据品种及地区确定摘袋时间，对于无色品种及果实容易着色的品种如巨峰等，可以在采收前不摘袋，在采收时摘袋。但这样成熟期会有所延迟，如巨峰品种成熟期延迟 10d 左右。红色品种如红地球一般在果实采收前 15d 左右进行摘袋。果实着色至成熟期昼夜温差较大的地区，可适当延迟摘袋时间或不摘袋，防止果实着色过度，呈紫红或紫黑色，降低商品价值；在昼夜温差较小的地区，可适当提前进行摘袋，防止摘袋过晚果实着色不良。摘袋时首先将袋底打开，经过 5 ～ 7d 锻炼，再将袋全部摘除较好。去袋时间宜在晴天的 10 时以前或 16 时以后进行，阴天可全天进行。

73. 果实套袋有哪些配套措施？

套袋后，每隔 10 ～ 15d 叶面交替喷施 1 次含氨基酸钾的氨基酸 5 号叶面肥和含氨基酸钙的氨基酸 4 号叶面肥，以促进果实发育和减少裂果现象的发生，增加果实的耐贮性。

74. 如何缩短果实发育期，促进果实成熟？

（1）利用温度调控果实发育，促进果实成熟 温度是决定果树物候期进程的重要因素，温度高低不仅与开花早晚密切相关，而且与果实生长发育密切相关。在一定范围内，果实的生长和成熟与温度呈正相关，温度越高，果实生长越快，果实成熟也越早。因此，在果实发育至果实成熟期适当提高白天气温尤其是夜间气温对于促进果实成熟效果明显，一般可提前 10 ～ 15d。不过，适当提高温度促进果实成熟是以降低单果重或单粒重为代价的。

（2）利用光照调控果实发育，促进果实成熟 光照与果实的生长发育和成熟密切相关，改变光照强度和光质可显著影响果实的生长发育和成熟。通过人工补光等措施增加光照强度可促进葡萄等的果实发育，促进成熟。覆盖紫外线透过率高的棚膜或利用紫外线灯补充紫外线，可有效抑制设施葡萄等的营养生长，促进生殖生长，促进果实着色和成熟，改善果实品质。注意在设施内开启紫外线灯补充紫外线时操作人员不能入内。

（3）利用生长调节剂调控果实发育，促进果实成熟　葡萄属非呼吸跃变型果实，ABA 是葡萄成熟的主导因子。因此，喷施适宜浓度的 ABA 可有效促进设施葡萄的果实成熟，一般可使葡萄果实成熟期提前 10 ～ 15d。

（4）利用其他措施调控果实发育，促进果实成熟　合理负载、重视钾肥施用、强化叶面喷肥等都会促进果实成熟。环割、环剥或绞缢等修剪措施可有效促进果树发育和成熟。利用生长势弱的砧木可促进接穗品种的成熟。

75. 如何延长果实发育期，延迟果实成熟？

（1）利用温度调控果实发育，延迟果实成熟　在一定范围内，果实的生长和成熟与温度呈正相关，低温抑制果实生长，延缓果实成熟；温度越高，果实生长越快，果实成熟也越早，但超出某一范围，高温则会使果实发育期延长，延缓果实成熟。在果树栽培实践中，早春灌水或园地覆草可降低土壤温度，延缓根系生长，从而使果树开花延迟 5 ～ 8d。同样，早春园地喷水或枝干涂白可降低树体温度和芽温，从而延缓果树开花。将盆栽果树置于冷凉处或将树体覆盖遮阴，延缓温度升高，也能达到延迟开花的目的。温室定植果树早春覆盖草帘遮阴，并且添加冰块或开启制冷设备降温可显著延缓果树花期，花期延缓时间与温室保持低温时间长短有关。

（2）利用光照调控果实发育，延迟果实成熟　光照与果实的生长发育和成熟密切相关，改变光照强度和光质可显著影响果实的生长发育和成熟。遮光降低光照强度可抑制葡萄的果实发育，延迟成熟。日本利用覆盖能反射紫外线的塑料薄膜改变光质的方法延迟葡萄收获期获得了成功，并申请了专利。具体做法是：从发芽期开始利用能反射紫外线的塑料薄膜进行覆盖，收获前 2 个月改用普通塑料薄膜覆盖。在利用能反射紫外线的塑料薄膜覆盖阶段，葡萄新梢生长发育旺盛，能够始终保持叶色浓绿，并且果实着色和成熟延迟；更换普通塑料薄膜后果实着色进展快速，因此通过改变更换日期，可以调节葡萄着色和成熟时间，延长葡萄收获期。日本用红色"不织布"进行覆盖栽培，可促进果实膨大，延迟采收，且有推迟落叶的作用，还可有效保持叶片的绿色，维持光合作用。

（3）利用生长调节剂调控果实发育，延迟果实成熟　葡萄属非呼吸跃变型果实，在其"转熟"前有 ABA 的上升，而乙烯在此前水平极低。外用乙烯反而有延迟成熟的作用。因此，ABA 是葡萄成熟的主导因子。如 Singh 和 Weaver 在"Tokay"葡萄坐果后 6 周果实慢速生长期（第 II 生长期）施用一种生长素类物质 BTOA 50mg/L，使浆果延迟 15d 成熟。Intrieri 等研究表明，在盛花后 10d 施用细胞分裂素类物质 CPPU，可使"Moscatual"葡萄浆果成熟延迟。

（4）利用其他措施调控果实发育，延迟果实成熟　适当过载、氮肥偏多、营养生长过旺等都会延迟果实成熟。利用生长势旺的砧木可延迟接穗品种的成熟。于秋季早霜来临之前覆盖棚膜进行葡萄的挂树活体贮藏也可显著延缓葡萄果实的收获期，一般可延缓 50 ~ 90d 的时间。利用逼发冬芽副梢或夏芽副梢、喷施叶片衰老延缓剂等措施可有效延缓叶片衰老，推迟叶片脱落，维持良好的光合作用，对于保持果实品质、延迟果实采收效果显著。

76. 在设施葡萄生产中如何改善光照？

葡萄是喜光植物，对光的反应很敏感，光照充足时，枝叶生长健壮，树体的生理活动增强，营养状况改善，果实产量和品质提高，色香味增进。光照不足时，枝条变细，节间增长，表现徒长，叶片变黄、变薄，光合效率低，果实着色差，或不着色，品质变劣（如图 45）。而光照强度弱，光照时数短，光照分布不均匀，光质差，紫外线含量低，是葡萄设施栽培存在的关键问题，必须采取措施改善设施内的光照条件。

图 45　光照不足，叶片翻卷

（1）从设施本身考虑，提高透光率　建造方位适宜、采光结构合理的设施，同时尽量减少遮光骨架材料并采用透光性能好、透光率衰减速度慢的透明覆盖材料（聚乙烯棚膜、聚氯乙烯棚膜、EVA 和 PO 等四种常用大棚膜，综合性能以 EVA 为最佳，其次是 PO 膜）并经常清扫。

图 46 植物生长灯

（2）从环境调控角度考虑，延长光照时间，增加光照强度，改善光质 正确揭盖草苫和保温被等保温覆盖材料，并使用卷帘机等机械设备以尽量延迟光照时间；挂铺反光膜或将墙体涂为白色（冬季寒冷的东北、西北等地区考虑到保温要求，墙体不能涂白），以增加散射光；利用生长灯进行人工补光以增加光照强度（如图 46）；安装紫外线灯补充紫外线（可有效抑制设施葡萄营养生长，促进生殖生长，促进果实着色和成熟，改善果实品质），采用转光膜改善光质等，可有效改善棚室内的光照条件。

（3）从栽培技术角度考虑，改善光照 植株定植时采用采光效果良好的行向；合理密植，并采用高光效树形和叶幕形；采用高效肥水利用技术，可显著改善设施内的光照条件，提高叶片质量，增强叶片光合效能；合理恰当的修剪可显著改善植株光照条件，提高植株光合效能。

77. 在设施葡萄生产中如何调控气温？

栽培设施为其中的葡萄生长创造了先于露地生长的温度条件，设施内温度调节得适宜与否，对栽培的其他环节影响非常大。

（1）调控标准 ①休眠解除期：休眠解除期的温度调控得适宜与否和休眠解除日期的早晚密切相关，如温度调控适宜则休眠解除日期提前，如温度调控欠妥当则休眠解除日期延后。调控标准：尽量使温度控制在 0～9 ℃。从扣棚降温开始到休眠解除所需日期因品种不同而差异很大，一般为 25～60d。②催芽期：催芽期升温快慢与葡萄花序发育和开花坐果等密切相关，升温过快，导致气温和地温不能协调一致，严重影响葡萄花序发育及开花坐果。调控标准：缓慢升温，使气温和地温协调一致。第一周，白天15～20℃，夜间5～10℃；第二周，白天15～20℃，夜间7～10℃；第三周至萌芽，白天20～25℃，夜间10～15℃。从升温至萌芽一般控制在25～30d。③新梢生长期：日平均温度与葡萄开花早晚及花器发育、花粉萌发和授粉受精及坐果等密切相关。调控标准：白天20～25℃；夜间10～15℃，不低于10℃。从萌芽到开花一般需40～60d。④花期：低于14℃时影响开花，引起授粉受精不良，子房大量脱落；35℃以上的持续高温会产生严重日灼，引起严重的落花落果。此期温度管理的重点是避免夜间低温，其次还要注意避免白天高温的发生。调控标准：白天22～26℃；夜间15～20℃，不低于14℃。花期一般维持7～15d。⑤浆果发育期：温度不宜低于20℃，积温因素对浆果发育速度影响最为显著，如果热量累积缓慢，那么浆果糖分累积及成熟过程变慢，果实采收期推迟。调控标准：白天25～28℃；夜间20～22℃，不宜低于20℃。⑥着色成熟期：适宜温度为28～32℃，低于14℃时果实不能正常成熟；昼夜温差对养分积累有很大的影响，温差大时，浆果含糖量高，品质好，温差大于10℃以上时，浆果含糖量显著提高。此期调控标准：白天28～32℃；夜间14～16℃，不低于14℃；昼夜温差10℃以上。

（2）调控技术 ①保温技术：优化棚室结构，强化棚室保温设计（日光温室方位南偏西5°～10°；墙体采用异质复合墙体。内墙采用蓄热载热能力强的建材，如石头和红砖等，并可采取穹形结构增加内墙面积以增加蓄热面积，同时将内墙涂为黑色以增加墙体的吸热能力；中间层采用保温能力强的建材，如泡沫塑料板；外墙为砖墙或土墙等）；选用保温性能良好的保温覆盖材料并

图47　人工加温

图48 人工加温火道

正确揭盖、多层覆盖；挖防寒沟；人工加温（如图47、图48）。②降温技术：通风降温，注意通风降温顺序为先放顶风，再放底风，最后打开北墙通风窗进行降温；喷水降温，注意喷水降温必须结合通风降温，防止空气湿度过大；遮阴降温，这种降温方法只能在催芽期使用。

78. 在设施葡萄生产中如何调控地温？

设施内的地温调控技术主要是指提高地温技术，使地温和气温协调一致。葡萄设施栽培，尤其是早熟促成栽培中，设施内地温上升慢，气温上升快，地温、气温不协调，造成发芽迟缓，花期延长，花序发育不良，严重影响葡萄坐果率和果粒的第一次膨大生长。另外，地温变幅大，会严重影响根系的活动和功能发挥。①起垄栽培结合地膜覆盖：该措施切实有效。②建造地下火炕或地热管和地热线：该项措施对于提高地温最为有效，但成本过高，目前我国基本没有应用。③在人工集中预冷过程中合理控温。④生物增温器：利用秸秆发酵释放热量提高地温。⑤挖防寒沟：防寒沟如果填充保温苯板，厚度以5～10cm为宜；如果填充秸秆杂草（最好用塑料薄膜包裹），厚度以20～40cm为宜；防寒沟深度以大于当地冻土层深度20～30cm为宜；防止温室内土壤热量传导到温室外。⑥将温室建造为半地下式。

79. 在设施葡萄生产中如何调控空气与土壤湿度？

空气湿度也是影响葡萄生育的重要因素之一。相对湿度过高，会使葡萄的蒸腾作用受到抑制，并且不利于根系对矿物质营养的吸收和体内养分的输送。持续的高湿度环境易使葡萄徒长，影响开花结实，并且易发多种病害；同时会使棚膜上凝结大量水滴，造成光照强度下降。而相对湿度持续过低不仅影响葡萄的授粉受精，而且影响葡萄的产量和品质。设施栽培由于避开了自然雨水，为人工调控土壤及空气湿度创造了方便条件。

（1）调控标准 ①催芽期：土壤水分和空气湿度不足，不仅延迟葡萄萌芽，还会导致花器发育不良，小型花和畸形花增多；而土壤水分充足和空气湿度适宜，则葡萄萌芽整齐一致，小型花和畸形花减少，花粉生活力提高。调控标准：空气相对湿度要求90%以上，土壤相对湿度要求70%～80%。②新梢生长期：土壤水分和空气湿度不足，严重影响葡萄新梢正常生长，同时影响花序发育；而土壤水分充足和空气湿度过高，则葡萄新梢生长过旺，并且容易诱发多种病害。调控标准：空气相对湿度要求60%左右，土壤相对湿度要求70%～80%。③花期：土壤和空气湿度过高或过低均不利于开花坐果。土壤湿度过高，新梢生长过旺，往往会造成营养生长与生殖生长的养分竞争，不利于花芽分化和开花坐果，导致坐果率下降；同时树体郁闭，容易导致病害蔓延。土壤湿度过低，新梢生长缓慢或停长，光合速率下降，严重影响授粉受精和坐果。空气湿度过高，树体蒸腾作用受阻，不仅影响根系对矿物质元素的吸收和利用，而且导致花药开裂慢、花粉散不出去、花粉破裂和病害蔓延。空气湿度过低，柱头易干燥，有效授粉寿命缩短，进而影响授粉受精和坐果。调控标准：空气相对湿度要求50%左右，土壤相对湿度要求65%～70%。④浆果发育期：浆果的生长发育与水分关系也十分密切。在浆果快速生长期，充足的水分供应，可促进果实的细胞分裂和膨大，有利于产量的提高。调控标准：空气相对湿度要求60%～70%，土壤相对湿度要求70%～80%。⑤着色成熟期：过量的水分供应往往会导致浆果晚熟、糖分积累缓慢、含酸量高、着色不良，造成果实品质下降。因此，在浆果成熟期适当控制水分的供应，可促进浆果的成熟和品质的提高，但控水过度也可使糖度下降并影响果粒增大，而且控水越重，浆果越小，最终导致减产。调控标准：空气相对湿度要求50%～60%，土壤相对湿度要求55%～65%。

（2）调控技术 ①降低空气湿度技术。A. 通风换气：是经济有效的降湿措施，尤其是室外湿度较低的情况下，通风换气可以有效排除室内的水汽，使室内空气湿度显著降低。B. 全园覆盖地膜：土壤表面覆盖地膜可显著减少土壤表面的水分蒸发，有效降低室内空气湿度。C. 改革灌溉制度：改传统漫灌为膜下滴/微灌或膜下灌溉。D. 升温降湿：冬季结合采暖需要进行室内加温，可有效降低室内相对湿度。E. 防止塑料薄膜等透明覆盖材料结露：为避免结露，应采用无滴消雾膜或在透明覆盖材料内侧定期喷涂防滴剂，同时在构造上，需保证透明覆盖材料内侧的凝结水能够有序流到前底角处。②增加空气湿度技术：喷水增湿。③土壤湿度调控技术：主要采用控制浇水的次数和每次的浇水量来解决。

80. 在设施葡萄生产中如何进行二氧化碳施肥?

设施条件下，由于保温需要，常使葡萄处于密闭环境，通风换气受到限制，造成设施内二氧化碳浓度过低，影响光合作用。研究表明，当设施内二氧化碳浓度达室外浓度（340μg/g）的3倍时，光合速率提高2倍以上，而且在弱光条件下效果明显。而天气晴朗时，从上午9时开始，设施内二氧化碳浓度明显低于设施外，使葡萄处于二氧化碳饥饿状态，因此，二氧化碳施肥技术对于葡萄设施栽培而言非常重要。

图49　二氧化碳施肥固体气肥法

图50　二氧化碳施肥燃烧法

（1）二氧化碳施肥技术　①增施有机肥：在我国目前条件下，补充二氧化碳比较现实的方法是土壤中增施有机肥，而且增施有机肥同时还可改良土壤、培肥地力。②施用固体二氧化碳气肥（如图49）：由于对土壤和使用方法要求较严格，所以该法目前应用较少。③燃烧法（如图50）：燃烧煤、焦炭、液化气或天然气等产生二氧化碳，该法使用不当容易造成一氧化碳中毒。④干冰或液态二氧化碳：该法使用简便，便于控制，费用也较低，适合附近有液态二氧化碳副产品供应的地区使用。⑤合理通风换气：在通风降温的同时，使设施内外二氧化碳浓度达到平衡。⑥化学反应法（如图51）：利用化学反应法产生二氧化碳，操作简单，价格较低，适合广大农村的情况，易于推广。目前应用的方法有：

图51　二氧化碳施肥化学反应法

盐酸－石灰石法、硝酸－石灰石法和碳酸氢铵－硫酸法，其中碳酸氢铵－硫酸法成本低、易掌握，在产生二氧化碳的同时，还能将不宜在设施中直接施用的碳酸氢铵，转化为比较稳定的可直接用作追肥的硫酸铵，是现在应用较广的一种方法，但使用硫酸等具有一定危险性。⑦二氧化碳生物发生器法：利用生物菌剂促进秸秆发酵，释放二氧化碳气体，提高设施内的二氧化碳浓度。该方法简单有效，不仅释放二氧化碳气体，而且增加土壤有机质含量，并且提高地温。具体操作如下：在行间开挖宽 30 ～ 50cm，深 30 ～ 50cm，长度与树行长度相同的沟槽，然后将玉米秸、麦秸或杂草等填入，同时喷洒促进秸秆发酵的生物菌剂，最后秸秆上面填埋 10 ～ 20cm 厚的园土。园土填埋时注意两头及中间每隔 2 ～ 3m 留置 1 个宽 20cm 左右的通气孔，为生物菌剂提供氧气通道，促进秸秆发酵发热。园土填埋完后，从两头通气孔浇透水。

（2）二氧化碳施肥注意事项　于叶幕形成后开始进行二氧化碳施肥，一直到棚膜揭除后为止。一般在天气晴朗、温度适宜的天气条件下于上午日出 1 ～ 2h 后开始施用，每天至少保证连续施用 2h，全天施用或单独上午施用，并应在通风换气之前 30min 停止施用较为经济；阴雨天不能施用。施用浓度以 1 000 ～ 1 500 μL / L 为宜。

81. 在设施葡萄生产中如何减轻或避免有害（毒）气体危害？

（1）氨气（NH_3）　①来源。A. 施入未经腐熟的有机肥是葡萄栽培设施内氨气的主要来源，主要包括鲜鸡粪、鲜猪粪、鲜马粪和未发酵的饼肥等。这些未经腐熟的有机肥经高温发酵后产生大量氨气，由于栽培设施相对密闭，氨气逐渐积累。B. 大量施入碳酸氢铵化肥，也会产生氨气。②毒害浓度和症状。A. 毒害浓度：当浓度达 5 ～ 10mg/L 时氨气就会对葡萄产生毒害作用。B. 毒害症状：氨气首先危害葡萄的幼嫩组织，如花、幼果和幼叶等。氨气从气孔侵入，受毒害的组织先变褐色，后变白色，严重时枯死萎蔫。③氨气积累的判断：检测设施内是否有氨气积累可采用 pH 试纸法。具体操作：在日出之前（放风前）把塑料棚膜等透明覆盖材料上的水珠滴加在 pH 试纸上，呈碱性反应就说明有氨气积累。④减轻或避免氨气积累的方法：设施内施用充分腐熟的有机肥，禁用未腐熟的有机肥；禁用碳酸氢铵化肥；在温度允许的情况下，开启风口通风。

（2）一氧化碳（CO） ①来源：加温燃料的未充分燃烧。我国葡萄设施栽培中加温温室所占比例很小，但在冬季严寒的北方地区进行的超早期促早栽培，常常需要加温以保持较高的温度；另外利用塑料大棚进行的春促早栽培，如遇到突然寒流降温天气，也需要人工加温以防冻害。②防止危害：主要是指防止一氧化碳对生产者的危害。

（3）二氧化氮（NO_2） ①来源：主要来源是氮素肥料的不合理施用。土壤中连续大量施入氮肥，使亚硝酸盐向硝酸盐的转化过程受阻，而铵盐向亚硝酸盐的转化却正常进行，从而导致土壤中亚硝酸的积累，挥发后造成二氧化氮的危害。②毒害症状：二氧化氮主要从叶片的气孔随气体交换而侵入叶肉组织，首先使气孔附近细胞受害，然后毒害叶片的海绵组织和栅栏组织，进而破坏叶绿体结构，最终导致叶片呈褐色，出现灰白斑。一般葡萄的毒害浓度为 $2 \sim 3mg/L$，浓度过高时葡萄叶片的叶脉也会变白，甚至全株死亡。③防止危害的方法：A. 合理追施氮肥，不要连续大量地施用氮素化肥。B. 及时通风换气。C. 若确定二氧化氮存在并发生危害时，设施内土壤施入适量石灰可明显减轻二氧化氮气体的危害。

82. 在设施葡萄生产中休眠调控的重要性是什么？

在设施葡萄促早栽培中，葡萄进入深休眠后，只有休眠解除即满足品种的需冷量才能开始加温，否则过早加温会引起不萌芽，或萌芽延迟且不整齐，而且新梢生长不一致，花序退化，浆果产量和品质下降等问题。因此，在促早栽培中，我们常采取一定措施，使葡萄休眠提前解除，以便提早扣棚升温进行促早生产，在生产中常采用人工集中预冷等物理措施和化学破眠等人工破眠技术措施达到这一目的。

83. 估算设施葡萄品种的需冷量有哪些常用的模型？

葡萄解除内休眠（又称生理休眠，自然休眠）所需的有效低温时数或单位数称为葡萄的需冷量，即有效低温累积起始之日始至生理休眠解除之日止时间段内的有效低温累积。常用如下模型进行估算：

（1）低于7.2℃模型　①低温累积起始日期的确定：以深秋初冬日平均温度稳定通过7.2℃的日期为有效低温累积的起始日期，常用5日滑动平均值法确定。②统计计算标准：以打破生理休眠所需的≤7.2℃低温累积小时数作为品种的需冷量，≤7.2℃低温累积1小时记为1h，单位为h。

（2）0～7.2℃模型　①低温累积起始日期的确定：以深秋初冬日平均温度稳定通过7.2℃的日期为有效低温累积的起始日期，常用5日滑动平均值法确定。②统计计算标准：以打破生理休眠所需的0～7.2℃低温累积小时数作为品种的需冷量，0～7.2℃低温累积1小时记为1h，单位为h。

（3）犹他模型　①低温累积起始日期的确定：以深秋初冬负累积低温单位绝对值达到最大值时的日期即日低温单位累积为0左右时的日期为有效低温累积的起点。②统计计算标准：不同温度的加权效应值不同，规定对破眠效率最高的最适冷温1h为1个冷温单位，而偏离适期适温的对破眠效率下降甚至具有负作用的温度，其冷温单位小于1或为负值，单位为C·U。换算关系如下：2.5～9.1℃打破休眠最有效，该温度范围内1h为1个冷温单位（1C·U）；1.5～2.4℃及9.2～12.4℃只有半效作用，该温度范围内1h相当于0.5个冷温单位；低于1.5℃或12.5～15.9℃则无效，该温度范围内1h相当于0个冷温单位；16～18℃低温效应被部分抵消，该温度范围内1h相当于-0.5个冷温单位；18.1～21℃低温效应被完全抵消，该温度范围内1h相当于-1个冷温单位；21.1～23℃温度范围内1h相当于-2个冷温单位。

上述需冷量估算模型均为物候学模型，因此其准确性受限于特定的气候条件和环境条件。中国农业科学院果树研究所研究表明：在采取三段式温度管理人工集中预冷带叶休眠的条件下，低于7.2℃模型、0～7.2℃模型和犹他模型三种需冷量估算模型中，0～7.2℃模型为设施葡萄需冷量的最佳估算模型。

84. 设施葡萄常用品种的需冷量各是多少？

在采取三段式温度管理人工集中预冷带叶休眠条件下，中国农业科学院果树研究所对设施葡萄常用品种的需冷量进行了测定，结果如表5：

表5　不同需冷量估算模型估算的不同品种群品种的需冷量（辽宁兴城）

品种及品种群	0～7.2℃模型 (h)	≤7.2℃模型 (h)	犹他模型 (C·U)	品种及品种群	0～7.2℃模型 (h)	≤7.2℃模型 (h)	犹他模型 (C·U)
87-1（欧亚）	573	573	917	布朗无核（欧美）	573	573	917
红香妃（欧亚）	573	573	917	莎巴珍珠（欧亚）	573	573	917
京秀（欧亚）	645	645	985	香妃（欧亚）	645	645	985
8612（欧美）	717	717	1 046	奥古斯特（欧亚）	717	717	1 046
奥迪亚无核（欧亚）	717	717	1 046	藤稔（欧美）	756	958	859
红地球（欧亚）	762	762	1 036	矢富罗莎（欧亚）	781	1 030	877
火焰无核（欧亚）	781	1 030	877	红旗特早玫瑰（欧亚）	804	1 102	926
巨玫瑰（欧美）	804	1 102	926	巨峰（欧美）	844	1 246	953
红双味（欧美）	857	861	1 090	夏黑（欧美）	857	861	1 090
凤凰51（欧亚）	971	1 005	1 090	优无核（欧亚）	971	1 005	1 090
火星无核（欧美）	971	1 005	1 090	无核早红（欧美）	971	1 005	1 090

85. 在设施葡萄生产中如何促进休眠解除以达到尽早升温的目的？

（1）物理措施　①三段式温度管理人工集中预冷技术：利用夜间自然低温进行集中降温的预冷技术是目前生产上最常用的人工破眠措施，即当深秋初冬日平均气温稳定通过7～10℃时，白天覆盖，夜晚揭开草苫、保温被等保温材料。在传统人工集中预冷的基础上，中国农业科学院果树研究所葡萄课题组创新性地提出三段式温度管理人工集中预冷技术，使休眠解除效率显著提高，休眠解除时间显著提前。具体操作如下：人工集中预冷前期（从覆盖草苫等保温材料始到最低气温低于0℃止），夜间揭开草苫等保温材料并开启通风口，让冷空气进入，白天盖上草苫等保温材料并关闭通风口，保持棚室内的低温。人工集中预冷中期（从最低气温低于0℃始至白天大多数时间低于0℃止），昼夜覆盖草苫等保温材料，防止夜间温度过低。人工集中预冷后期（从白天大多数时间低于0℃始至开始升温止），夜晚覆盖草苫等保温材料，白天适当揭开草苫等保温材料，让设施内气温略有回升，升至7～10℃后覆盖草苫。人工集中预冷的调控标准：使设施内绝大部分时间气温维持在0～10℃，一方面使温室内温度保持在利于解除休眠的温度范围内，另一方面避免地温过低，以利于升温时气温与地温协调一致。②带叶休眠：中国农业科学院果树研究所葡萄课题组多年研究结果表明，在人工集中预冷过程中，与传统去叶休眠相比，采取带叶休眠的葡萄植株提前解除休眠，而且葡萄花芽质量显著得到改善。因此，在人工集中预冷过程中，一定要采取带叶休眠的措施，不应采取人工摘叶或化学去叶的方法，应在叶片未受霜冻伤害时扣棚，开始进行带叶休眠人工集中预冷处理。如图52、图53、图54。

三段式温度管理人工集中预冷前期

三段式温度管理人工集中预冷中期

三段式温度管理人工集中预冷后期

图52　休眠调控——物理措施

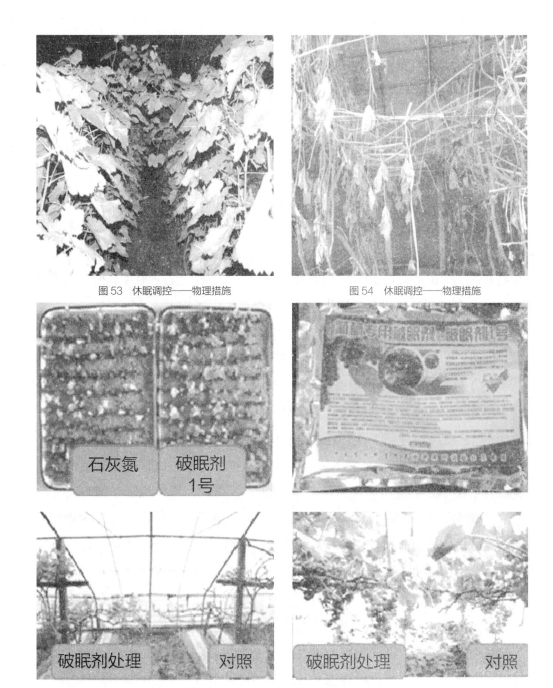

图 53　休眠调控——物理措施　　　　　图 54　休眠调控——物理措施

石灰氮　　破眠剂1号

破眠剂处理　　对照　　　　破眠剂处理　　对照

图 55　休眠调控——化学措施

（2）化学措施　①常用破眠剂：A. 石灰氮（$CaCN_2$）：在使用时，一般是调成糊状进行涂芽或者经过清水浸泡后取高浓度的上清液进行喷施。石灰氮水溶液的一般配制方法是将粉末状药剂置于非铁容器中，加入 4～10 倍的温水（40℃左右），充分搅拌后静置 4～6h，然后取上清液备用。为提高石灰氮溶液的稳定性及其破眠效果，减少药害的发生，适当调整溶液的 pH 是一种简单可行的方法。在 pH 为 8 时，药剂表现出稳定的破眠效果，而且贮存时间也可以相应延长。调整石灰氮溶液的 pH 可用无机酸（如硫酸、盐酸和硝酸等），也可用有机酸（如醋酸等）。石灰氮溶液打破葡萄休眠的有效浓度因处理时期和品种而异，一般情况下是 1 份石灰氮兑 4～10 份水。B. 单氰胺（H_2CN_2）：一般认为单氰胺对葡萄的破眠效果比石灰氮更好。目前在葡萄生产中，主要采用经特殊工艺处理后含有 50％有效成分（H_2CN_2）的稳定单氰胺水溶液——Dormex（多美滋），在室温下贮藏有效期很短，如在 1.5～5℃条件下冷藏，有效期可达 1 年。单氰胺打破葡萄休眠的有效浓度因处理时期和品种而异，一般情况下是 0.5％～3.0％。配制 H_2CN_2 或 Dormex 水溶液时需要加入非离子型表面活性剂（一般按 0.2％～0.4％的比例）。一般情况下，H_2CN_2 或 Dormex 不与其他农用药剂混用。②专用破眠剂：在葡萄休眠解除机制研究的基础上，中国农业科学院果树研究所葡萄课题组（国家葡萄产业技术体系综合研究室设施栽培团队）研制出破眠综合效果优于石灰氮和单氰胺的葡萄专用破眠剂——破眠剂 1 号。如图 55。

（3）注意事项 ①使用时期：A. 促进休眠解除：温带地区葡萄的冬促早或春促早栽培使休眠提前解除，促芽提前萌发，需有效低温累积达到葡萄需冷量的 2/3～3/4 时使用 1 次。亚热带和热带地区葡萄的露地栽培，为使芽正常整齐萌发，需于萌芽前 20～30d 使用 1 次。施用时间过早，需要破眠剂浓度大而且效果不好；施用时间过晚，容易出现药害。B. 逆转休眠：葡萄的破眠栽培或两季生产（秋促早栽培），促使冬芽当年萌发，需于花芽分化完成后至达到深度自然休眠前结合剪梢、去叶等措施使用 1 次。②使用效果：破眠剂解除葡萄芽内休眠使芽萌发后，新梢的延长生长取决于处理时植株所处的生理阶段，处理时间不能过早，过早葡萄芽萌发后新梢延长生长受限。③使用时的天气情况：为降低使用危险性，且提高使用效果，石灰氮、单氰胺或破眠剂 1 号等破眠剂处理一般应选择晴好天气进行，气温以 10～20℃最佳，气温低于 5℃时应取消处理。④空气湿度要求：从破眠剂使用到萌芽期间的相对空气湿度保持在 80％以上最佳，不能低于 60％，否则严重影响使用效果。⑤土壤湿度要求：破眠剂使用后需要立即浇一遍透水。⑥使用方法：直接喷施休眠枝条（务必喷施均匀周到）或直接涂抹休眠芽；如用刀片或锯条将休眠芽上方枝条刻伤后再使用破眠剂，破眠效果将更佳。⑦安全事项：石灰氮或单氰胺均具有一定毒性，因此在处理或贮藏时应注意安全防护，要避免药液同皮肤直接接触。由于其具有较强的醇溶性,所以操作人员应注意在使用前后 1d 内不可饮酒。⑧贮藏保存:放在儿童触摸不到的地方;于避光干燥处保存,不能与酸或碱放在一起。

86. 在设施葡萄促早栽培生产中一般何时升温?

(1)冬促早栽培 根据各品种需冷量确定升温时间,待需冷量满足后方可升温。葡萄的自然休眠期较长,一般自然休眠结束多在 12 月初至翌年 1 月中下旬。如果过早升温,葡萄需冷量得不到满足,会造成发芽迟缓且不整齐、卷须多,新梢生长不一致,花序退化,浆果产量降低,品质变劣。

(2)春促早栽培 春促早栽培升温时间主要根据设施保温能力确定,一般情况下扣棚升温时间为在当地露地栽培葡萄萌芽时间的基础上提前 2 个月左右。

(3)秋促早栽培 于早霜来临前升温,防止叶片受霜冻危害。

87. 葡萄的一年两收有几种栽培类型?

葡萄的一年两收栽培是指一年生产两季葡萄的栽培模式。按照两季葡萄果实生育期是否重叠,可分为两种栽培类型。

(1)夏果、冬果一年两收(两代不同堂)模式 从萌芽到果实成熟两季葡萄的果实生育期是不重叠的。在露地种植的条件下,此一年两收栽培类型只能在生长期长、热资源丰富的南方热带与亚热带地区可以实现,如借助设施也可在北方的温带地区生产。在我国南方热带与亚热带地区,一般情况下,选择在 1 月修剪,1 月下旬至 2 月中旬气温稳定在 10℃以上时催芽,3 月下旬至 4 月中旬开花,6 月中旬至 7 月上旬收夏果(第一茬果)。夏果收获后施肥,恢复树势 1 个月后于 8 月中下旬修剪,同时人工去除全部叶片并催芽,5～8 天后萌芽,开启当年第二个生育周期,12 月中下旬收获第二茬冬果。

(2)夏果、秋冬果一年两收(两代同堂)模式 从萌芽到果实成熟两季葡萄的果实生育期是重叠的,而且可以实现多茬果实生育期的重叠,在 1 年内实现多收,是调节葡萄产期、增加单位面积产量的一种好方法。在我国南方热带与亚热带地区,一般情况下,选择在 1 月中下旬修剪,2 月下旬至 3 月中旬冷尾暖头(上一个冷空气结束)气温稳定在 10℃以上时催芽,4 月下旬至 5 月上旬开花，夏果坐稳后施肥，促进新梢生长，同时人工摘心或喷烯效唑等生长抑制剂促进叶片老熟和花芽分化。在5～6月进行绿枝修剪，逼迫冬芽萌发并开花结第二茬果。6月下旬至8月上中旬收夏果，10月至11月收第二茬秋冬果。

88. 葡萄的一年两收栽培模式有哪些适宜品种？

（1）采用夏果、冬果一年两收模式　可选用成熟期早于或相似于巨峰成熟期（生育期120～150d的早熟、中熟品种）而且成花容易的品种，如巨峰、户太8号、京亚和8611等。这些品种成熟早、价格高，花芽分化容易，可确保冬果有足够的花芽。如图56。

（2）采用夏果、秋冬果一年两收栽培模式　可选花芽分化容易的品种，如巨峰、京亚、8611、温克（魏可）、意大利和美人指等。如图57。

图56　巨峰第二茬果　　　　　　　　　　　图57　美人指第二茬果

89. 以巨峰为例，夏果、冬果一年两收（两代不同堂）栽培模式如何进行树体管理？

（1）夏果（第一茬果）生长期管理　①催芽：当翌年春天日均温稳定在10℃以上时，南宁以南地区可以在1月中下旬以后，柳州可在2月中下旬以后用葡萄破眠剂液（石灰氮5倍或单氰胺15倍或破眠剂1号5倍）催芽（化工店购胭脂红加入稀释后的药液，每10kg破眠剂液加胭脂红100g，使药液变红以便标记），把海绵块捆在木棍前端并用纱布捆成圆球形，吸取破眠剂液后人工点湿芽眼，顶端1～2芽不点，以免顶芽先发，影响同一母枝其他部位冬芽的萌发。桂北地区如在3月上中旬春季温度稳定回升后用破眠剂催芽也有利于一些葡萄品种的整齐萌芽。注意事项：在催芽过程中要戴胶手套，使用时注意不要使皮肤与破眠剂液直接接触；催芽后 8h 内遇大雨要及时补涂；遇天旱时处理前后 1d 内要充分灌水，并应在萌芽前保持果园土壤湿润，最好连续 3～5d 每天傍晚对枝干喷水 1 次；使用时不能吃东西、喝饮料和抽烟。操作前后 24 h 内严禁饮酒或饮用含有酒精的饮料。②疏芽整梢：冬芽萌发后，根蘖萌芽全部抹除；结果母枝先抹除双芽、三芽中的边芽，留一个饱满的芽，芽萌发较稀疏的架面应保留双芽。新梢上显现花序，能区别结果枝和营养枝时开始抹梢，棚架每平方米定梢 6～8 条。副梢留 1 叶绝后摘心。旺盛生长的新梢可在花前扭枝，棚架也可以将旺长新梢引下架面下垂生长，以控制长势。整个生长期及时分批摘除卷须，并及时绑缚新梢均匀分布架面。视树势旺盛的程度可选用 0.01%～0.05% 烯效唑等生长抑制剂喷 1～2 次控梢。③疏花疏果：南宁综合试验站研究结果表明，第一茬夏果产量控制在 900～1 200kg/ 亩，第二茬冬果产量控制在 900～1 500kg/ 亩，两茬果相互之间不会影响产量和质量，当单茬产量≥ 1 900 kg/ 亩，对当茬果品的品质和下一茬果的花芽分化、产量质量会造成较大的影响。综合认为，为确保两茬果的产量和品质，第一茬夏果和第二茬冬果都控制在 900～1 200kg/ 亩为最宜留果量。④采收及采后管理：北回归线以南地区果实成熟期在 6 月上旬至 7 月上旬，夏果采收前着色不好的，可以打开纸袋促进着色。采后的管理要到位，7 月采果后 7～10d 喷一次含氨基酸钾的氨基酸 5 号叶面肥，新梢旺的要摘心控好副梢，促进花芽分化、枝条老熟、树体营养积累。⑤肥水管理。A. 施肥管理：第一次追肥在果实坐稳后开始，并以氮肥为主，要根据基肥施用情况及看生长势强弱每亩可撒施复合肥（N:P_2O_5:K_2O=15:15:15）10～15kg 加硝酸铵钙或其他氮肥（新梢旺长的不单独加氮肥）5～10kg；第二次追肥在花后 25～30d 看树势生长情况可每亩再施用复合肥 10 kg，棚架栽培的枝条叶片数不够 20 张的可加施氮肥 5～10kg；第三次追肥在果实开始着色时进行，每亩可施钾肥 10kg，加硫酸镁和硝酸铵钙 5kg。要根据树势增减施肥量，树势过旺的要注意减少氮肥用量，可以把硝酸铵钙换成过磷酸钙 10～15kg。如果葡萄园建在沙质土上，沙质土保水保肥能力差，则追肥要采用少量多次的方法，以免流失；采果后新芽不继续生长的可每亩撒施复合肥 5～10 kg，新梢能继续生长的可不施，新梢旺长的要摘心控制或喷施烯效唑等植物生长抑制剂 1～2 次控制。春季夏果开花期前有徒长情况时，要适当抑制生长，可以采用喷施磷酸二氢钾或氨基酸钾抑制生长；春季巨峰葡萄开花坐稳果前不能施用氮肥。土壤缺硼地区容易造成坐果不良,要在开花前5~6叶期开始,每隔7~8 d连续喷含氨基酸硼的氨基酸2号叶面肥或0.1%~0.2%硼砂溶液2~3次,提高坐果率。坐果后叶面结合喷药可喷施葡萄专用叶面肥补充营养。B. 灌溉管理:葡萄萌芽前干旱要注意灌溉,特别是催芽后天旱时要灌水并连续对枝干喷水3~5d,促进萌芽。坐果后至浆果硬核末期加强肥水管理,前期春旱要注意灌溉,第一茬夏果发育期正值多雨季节,浆果上色至成熟期控制灌水,要特别注意建立良好的果园排水系统,并经常检查做到果园内不积水。葡萄受涝后根系受损,极易造成叶片枯焦,影响下茬果花芽分化,果实易患气灼病,造成重大损失。

(2)冬果(第二茬果)生长期管理 ①夏季修剪。A. 修剪时间:在我国台湾葡萄主产区修剪可以持续到第二年春天,把二茬冬果延期或提早到1~5月采收,主要原因是我国台湾冬季气候温和,寒流灾害发生少,葡萄能安全越冬。而我国大陆地区冬季温差变化大,与我国台湾相同纬度的地区,我国大陆大陆性气候明显,我国台湾葡萄主产区年平均温度为22.5℃,冬季最低温一般也在10℃以上。大陆初冬寒潮早而且强,容易造成第二茬葡萄未成熟就落叶。南宁年均温为21.8℃,低于台湾葡萄主产区0.7℃。冷空气较强而明显,11月最低温度出现过3℃,葡萄叶片7℃以下就会产生冻害。南宁地区8月30日前修剪的,其果实紫黑,可溶性固形物含量可达20%左右,甜酸适口,香气浓郁,品质极优。9月5日修剪催芽的则着色偏红,果实酸度大(可滴定酸达2.1%),商品性差。柳江地区在8月15~20日修剪最佳,果实蓝黑色,可溶性固形物达20%~21.5%,甜酸适度。最迟不要超过8月25日,其果实紫黑,可溶性固形物在20%左右,略偏酸。8月30日处理的果实红紫色,可溶性固形物在20%左右,明显偏酸,冬果不能在翌年1月10日之前充分成熟。露地栽培实施两代不同堂两收栽培的果园,北回归线以南地区可在8月20日前后进行修剪;北回归线以北地区建议在8月15日前修剪完毕。过早修剪花芽分化不充分,花序短小;过晚可能受早霜危害,葡萄成熟度不够。B. 修剪方法:冬果于8月中下旬采用当年上茬的正常结果枝或营养枝做结果母枝,修剪至芽眼饱满处,一般留芽5~11个,人工摘除全部叶片;每条结果母枝只留1个结果枝和1个果穗。翌年春修剪去掉弱枝过密枝后,回剪至头年第一茬夏果结果枝,留4~9个芽做中梢修剪。②催芽:用葡萄破眠剂液(石灰氮或破眠剂1号5倍液或单氰胺15~20倍液)涂抹剪口芽催芽(每枝只点剪口1个芽),催芽后天旱时要灌水,并连续在傍晚对枝干喷水3～5次。这时正是高温时期,植株由有叶子状态一下子被修剪并去叶,枝干暴露在阳光下,如遇干旱,发芽困难,因此这次喷水很重要。③花序拉长:第二茬冬果的生产期与第一茬夏果的生长期所遇到的环境条件是相反的,萌芽至开花结果一个是从低温到高温,一个是从高温到低温,冬果发芽至开花温度高,从萌芽至开花仅需2周(第一茬夏果是50d),花序发育期很短,开花期又恰遇高温,花序分化不完全,果梗一般较短,果粒间距较小,如果不拉长花序,果粒生长将受限制,成熟时果粒甚至互挤开裂,影响商品价值。萌芽后5～6叶期用赤霉素全株喷雾1～2次,以促进花序伸长,小果梗展开,以便整理果穗和套袋。整个生长期及时分批摘除卷须,并及时绑缚新梢均匀分布架面。④花果管理:在花前2～3d掐掉花序上的副穗和1～4个花序大分枝和花序尖端,保留由下往上数16～18个花序小分枝,使果穗形状成为圆柱形。坐果后至硬核前能分辨大小果时疏去小粒无核果、畸形果及有病斑、伤痕和过密的果粒。为了培养品质高外观美的产品,每穗葡萄控制在350～450g,每穗粒数控制在40～50粒。疏穗时结果枝未达到12片叶的不留果,如果全部结果枝均未达10叶,则每留1枝结果枝另安排1枝营养枝向结果枝供应营养。枝梢叶片数达15片左右,末端无法生长的留1个果穗,末端仍在生长的留2穗。冬果结果枝叶片数要求比夏果增加20%左右为好,促进果实品质的提高。冬果每亩定产800～1000kg,定2600～3300穗。在疏果完成以后,全园喷施1次杀菌剂,待药液干后立即用专用纸袋套袋。⑤肥、水管理:冬果要特别注意增施磷钾肥,促进叶片枝梢老熟;注意钙肥的补充,并在中后期喷施含综合性微量元素的叶面肥,并注意防风防寒。A. 基肥:在涂抹破眠剂催芽前5～10d施用基肥,相当于第一茬夏果用量80%的腐熟粪肥,每亩加施尿素8～10kg,过磷酸钙25～30kg,硫酸钾5～8kg。肥水条件很好的果园也可以不施氮肥及其他化学肥料。酸性土壤可每亩增施石灰20～50kg。B. 追肥:追肥时期基本与第一茬夏果相同,总量上相当于第一茬80%左右,保证前期施用量,促进形成足够叶幕供应冬果生长。C. 叶面肥:注意花前叶面补充硼肥。另外,还要注意在新梢生长期喷施氨基酸钾2～3次。在中后期喷施综合性微量元素,在出现低于7℃的寒潮来临之前喷抗寒抗冻剂,预防叶片受冻黄化。D. 排灌:前期注意排水,果实膨大期进入旱季要特别注意灌水,否则果实偏小,影响产量和外观。

90. 以夏黑为例，如何利用二茬果补救产量？

（1）控制枝梢旺长　夏黑属生长势旺品种，一茬果无花或产量少时枝梢更易旺长，不利于花芽形成，须采取综合措施控制枝梢旺长，增加树体养分积累，促进二茬果的花芽分化。A. 以肥控梢：在一茬果很少的情况下，势必造成枝梢生长旺盛，因此，二茬果坐果前不能单独施用氮肥，并需在5月连喷2～3次含氨基酸钾的氨基酸5号叶面肥或0.2%～0.3%磷酸二氢钾＋含氨基酸硼的氨基酸2号叶面肥或0.1%硼肥，每次间隔5～7d。B. 激素控梢：视树势旺盛的程度可选用100～500倍烯效唑等植物生长抑制剂喷施1～2次，以控制新梢旺长（注意：已挂果的旺梢只喷枝梢上部，浓度适当放低）。

（2）适时诱发二次花　利用新梢顶端第一次或第二次副梢上的冬芽放二次花。具体操作方法是：新梢留8～9片叶摘心，主梢摘心后只留顶端1个夏芽副梢，其余副梢留1叶绝后摘心。顶端长出的第一个副梢留3～4叶摘心，其上仍只留顶端1个副梢，留2～3叶摘心。5月下旬至6月初待主梢顶端第一副梢的基部冬芽充实饱满后且没有达到半木质化时，对主梢顶端第一副梢保留2～3片叶全园统一进行短截，同时灌水并每亩追施复合肥10～15kg，促使顶端短截部位的冬芽萌发，诱发二茬果。若统一短截时，有些第一副梢已木质化或半木质化，这里的冬芽已进入休眠半休眠状态，剪后萌芽困难，芽不整齐，可延至第二或第三次副梢短截诱发冬芽二茬果。一般情况下，夏芽副梢上的冬芽萌出后都会有花，如无花则如前所述继续留2～3叶摘心，继续诱发冬芽结果。具体剪梢促花时间应根据枝梢老熟、芽眼充实饱满程度确定，最好在5～7个晴天后进行。夏黑葡萄在桂林最迟诱发二次果时间不超过7月10日，以保证二茬果能在11月中旬前成熟。

（3）花果管理　①疏花疏果与套袋：花前对二茬果进行疏穗，每个新梢留花序1个，花前疏除副穗，保留20个左右小花序分枝。花序以上留3～4叶摘心，促进坐果。摘心后结果枝顶端留1～2个副梢并进行2～3叶反复摘心，也可以留顶端副梢下垂自然生长。坐果后及时疏除过密果粒，使果粒不过于拥挤，每穗留果70～80粒，产量控制在1500kg/亩以内。疏果完成以后，全园喷施1次预防白腐病、炭疽病、霜霉病等病害的杀菌剂，待药液干后立即用专用纸袋套袋。②促进果实增大：自然生长情况下夏黑粒重仅3g左右，进行膨大处理可以提高商品价值。一般需进行2次处理，第一次在盛花末期用

25mg/L赤霉素浸花穗进行保果，7～10d后再用50mg/L赤霉素浸果穗促进膨大。二次果坐果稳定后视树势情况补施1次水肥，施肥量视产量和树势而定，一般每亩施氮、磷、钾各含15%三元复合肥10～20kg。二次果着色前每亩施硫酸钾肥15～20kg。二次果的果实膨大期往往是旱季，要在旱季来临前进行地面覆盖稻草或地膜防旱保湿，必要时还要进行淋水抗旱，保证果实生长对水分的需求，有利于果实膨大。

91. 在设施葡萄生产中，如何实现连年丰产？

在设施葡萄生产中，连年丰产不是通过任何单一技术措施能达到的，必须运用各种技术措施，包括品种选择、环境调控、栽培管理、化学调控等，并将它们综合协调，才能实现设施葡萄促早栽培连年丰产的目的。在设施葡萄生产中，对于设施内新梢不能形成良好花芽的非耐弱光品种需采取恰当的更新修剪这一核心技术措施，方能实现设施葡萄促早栽培的连年丰产。主要采取的更新修剪方法如下：短截更新、平茬更新和压蔓更新超长梢修剪三种更新修剪方法，其中短截更新又分为完全重短截更新和选择性重短截更新两种方法。

92. 在设施葡萄生产中，重短截更新修剪连年丰产技术如何操作？

图58 短截更新

（1）**完全重短截** 对于果实收获期在6月初之前的葡萄品种，如夏黑等，采取完全重短截与重回缩相结合的方法。于浆果采收后，根据不同树形要求将预留做更新梢的原结果新梢或发育新梢留1～2个饱满芽进行重短截，逼迫其基部冬芽萌发新梢，培养为翌年的结果母枝。而对于完全重短截时枝条和芽已经成熟变褐的品种，如矢富罗莎等需对所留的饱满芽用5～10倍石灰氮上清液或葡萄专用破眠剂——破眠剂1号涂抹以促进其萌发；其余新梢或结果母枝疏除。如图 58。

（2）选择性重短截　对于果实收获期在 6 月初之后的品种，如红地球等，采取选择性重短截的方法。在覆膜期间新梢管理时，首先根据不同树形要求选留部分新梢留 6～8 片叶摘心，培养更新预备梢。重短截更新时，只将更新预备梢留 4～6 个饱满芽进行重短截，逼迫冬芽萌发新梢，培养为翌年的结果母枝。而对于重短截时更新预备梢的枝条和芽已经成熟变褐的品种需对所留的饱满芽用 5～10 倍石灰氮上清液或葡萄专用破眠剂——破眠剂 1 号涂抹以促进其萌发；其余新梢在浆果采收后对于过密者疏除，剩余新梢或原结果母枝落叶后再疏除或回缩。采用此法更新需配合相应树形和叶幕形，树形以单层水平形和单层水平龙干形为宜；叶幕形以"V+1"形叶幕或"半 V+1"形叶幕为宜，非更新梢倾斜绑缚呈"V"形或半"V"形叶幕，更新预备梢采取直立绑缚呈"一"形叶幕。如果采取其他树形和叶幕形，更新修剪后所萌发更新梢处于劣势位置，生长细弱，不易成花。该方法系中国农业科学院果树研究所葡萄课题组首创，有效解决了果实收获期在 6 月初之后且棚内梢不能形成良好花芽的品种如红地球等的连年丰产问题。

（3）注意事项　重短截时间越早，短截部位越低，冬芽萌发形成的新梢生长越迅速，花芽分化越好，一般情况下重短截时间最晚不迟于 6 月初。重短截时间的确定原则是揭膜时重短截逼发冬芽副梢长度不能超过 20cm，并且保证冬芽副梢能够正常成熟。重短截更新修剪所形成新梢的结果能力与母枝粗度关系密切，一般重短截剪口直径在 0.8～1.0cm 以上的新梢冬芽所萌发的新梢结果能力强。

93. 在设施葡萄生产中，平茬更新修剪连年丰产技术如何操作？

浆果采收后，保留老枝叶 1 周左右，使葡萄根系积累一定的营养，然后从距地面 10～30cm 处平茬，促使葡萄母蔓上的隐芽萌发，然后选留一健壮

图 59　平茬更新

新梢培养为翌年的结果母枝。该更新方法适合高密度定植采取地面枝组形单蔓整枝的设施葡萄园，平茬更新时间最晚不晚于6月初，越早越好；过晚，更新枝生长时间短，不充实，花芽分化不良，花芽不饱满，严重影响翌年产量。因此，对于果实收获期过晚的葡萄品种，不能采取该方法进行更新修剪。利用该法进行更新修剪对植株影响较大，树体衰弱快。如图59。

94. 在设施葡萄生产中，压蔓更新超长梢修剪连年丰产技术如何操作？

揭除棚膜后，根据树形要求在预备培养为翌年结果母枝的发育梢或结果梢上选择1～2个健壮新梢(夏芽副梢或逼发的冬芽副梢)于露天条件下延长生长，将其培养为翌年的结果母枝。待露天延长梢(即所留新梢的露天延长生长部分)长至10片叶左右时留8～10片叶摘心，为防止某些生长势强旺品种的新梢徒长，可于新梢中下部进行环割或环剥处理抑制新梢旺长。晚秋落叶后，将培养好的结果母枝棚内生长的下半部分压倒盘蔓或压倒到对面行上串行绑缚，而对于其揭除棚膜后生长的上半部分根据品种特性采取中短梢或长梢修剪。待萌芽后，再选择结果母枝棚内生长的下半部分，靠近主蔓处萌发的新梢培养为预备梢继续进行更新管理，管理方法同去年。待落叶冬剪时将培养的结果母枝前面的已经结过果的枝组部分进行回缩修剪，回缩至培养的结果母枝处，防止种植若干年后棚内布满枝蔓，影响正常的管理。以后每年重复上述做法进行更新管理。该更新修剪方法不受果实成熟期的限制，但管理较烦琐。如图60。

图60　超长梢更新修剪

95. 在设施葡萄生产中，采取更新修剪连年丰产措施的同时需采取哪些配套技术措施？

（1）断根处理 对于采取平茬更新或完全重短截更新修剪的植株，在平茬和完全重短截的同时需断根处理，然后增施有机肥和以氮肥为主的化肥如尿素和磷酸二铵等，以调节地上地下平衡，补充树体营养，防止冬芽萌发新梢黄化和植株老化。待新梢长至 20cm 左右时开始叶面喷肥，一般每 7 ～ 10d 喷施 1 次氨基酸 1 号叶面肥；待新梢长至 80cm 左右时施用 1 次以钾肥为主的复合肥，

图 61　断根施肥

并掺施适量硼砂，叶面肥改为含硼的氨基酸 2 号叶面肥和含钾的氨基酸 5 号叶面肥混合喷施，每 10d 左右喷施 1 次。如图 61。

（2）喷叶面肥 对于采取压蔓更新超长梢修剪或选择性重短截更新的植株，一般于新梢长至 20cm 左右时开始强化叶面喷肥，配方以氨基酸 1 号叶面肥、含硼的氨基酸 2 号叶面肥、含钙的氨基酸 4 号叶面肥和含钾的氨基酸 5 号叶面肥为宜；待果实采收后及时施用 1 次充分腐熟的牛羊粪等农家肥或商品有机肥作为基肥，并混加葡萄专用肥和一定量的硼砂及过磷酸钙等，以促进更新梢的花芽分化和发育。

（3）叶片保护 叶片的好坏直接影响到翌年结果母枝的质量，因此叶片保护工作对于培育优良结果母枝而言至关重要，主要通过强化叶面喷肥提高叶片质量和病虫害防治保护好叶片。其次棚膜揭除的方法对于叶片保护而言同样非常重要。在棚膜揭除时一定要逐渐揭除，使叶片逐渐适应自然条件，减轻自然强光对叶片造成的光氧化，减缓叶片衰老。如图 62。

如图 62　叶片光氧化

96. 在葡萄生产中，病虫害综合防治有哪些关键点？

（1）休眠解除至催芽期 落叶后，清理田间落叶和修剪下的枝条，集中焚烧或深埋，并喷施1次200～300倍80%的必备或1:0.7:100倍波尔多液等；发芽前剥除老树皮，同时喷施3～5波美度石硫合剂，而对于去年病害发生严重的葡萄园，喷施美安后再喷施3～5波美度石硫合剂。

（2）新梢生长期 A.2～3叶期：是防治红蜘蛛、二斑叶螨、毛毡病、绿盲蝽、白粉病、黑痘病非常重要的时期。发芽前后干旱，红蜘蛛、毛毡病、绿盲蝽、白粉病是防治重点；空气湿度大，黑痘病、炭疽病、霜霉病是防治重点。在防治红蜘蛛和二斑叶螨时一定要将树体、叶片、地面和温室墙体及棚架等均匀喷施方能起到较好的防治作用。喷施第一次后，隔7～10d连喷2次，基本能将其彻底防治。B. 花序展露期：是炭疽病、黑痘病和斑衣蜡蝉非常重要的防治点。花序展露期空气干燥，斑衣蜡蝉、红蜘蛛、毛毡病、绿盲蝽和白粉病是防治重点；空气湿度大，黑痘病、炭疽病、霜霉病是防治重点。C. 花序分离期：是灰霉病、黑痘病、炭疽病、霜霉病和穗轴褐枯病的重要防治点，是开花前最为重要的防治点。此期还是叶面喷肥防治硼、锌、铁等元素缺素症的关键时期。D. 开花前2～4d：是灰霉病、黑痘病、炭疽病、霜霉病和穗轴褐枯病等病害的防治点。

（3）落花后至果实发育期 落花后是防治黑痘病、炭疽病和白腐病的防治点。如设施内空气湿度过大，霜霉病和灰霉病也是防治点，巨峰系品种要注意链格孢菌对果实表皮细胞的伤害；如果空气干燥，白粉病、红蜘蛛和毛毡病是防治点。果实发育期要注意霜霉病、炭疽病、黑痘病、白腐病、斑衣蜡蝉和叶蝉等的防治，此期还是防治缺钙等元素缺素症的关键时期。

97. 在葡萄生产中，有哪些常用药剂？

（1）防治虫害的常用药剂 防治红蜘蛛和毛毡病等使用杀螨剂，如阿维菌素、哒螨酮、炔螨特、唑螨酯、三唑锡和四螨嗪等；防治绿盲蝽和斑衣蜡蝉等使用杀虫剂，如常用苦参碱、吡虫啉、啶虫脒、噻虫嗪、高效氯氰菊酯等。

（2）防治病害的常用药剂 防治白粉病常用嘧菌酯、苯醚甲环唑、氟硅唑、戊唑醇、三唑酮、吡唑醚菌酯、甲氧基丙烯酸酯类等药剂。防治黑痘病常用波尔多液、甲氧基丙烯酸酯类、代森锰锌、嘧菌酯、烯唑醇、苯醚甲环唑、氟硅唑、戊唑醇等药剂。防治炭疽病常用波尔多液、代森锰锌、嘧菌酯、苯醚甲环唑、季铵盐类、吡唑醚菌酯、甲氧基丙烯酸酯类等杀菌剂。防治霜霉病常用波尔多液、甲氧基丙烯酸酯类、代森锰锌、嘧菌酯、烯酰吗啉、吡唑醚菌酯、甲霜灵和霜脲氰等杀菌剂。防治灰霉病常用波尔多液、嘧菌酯和甲氧基丙烯酸酯类等药剂。防治白腐病常用波尔多液、代森锰锌、甲氧基丙烯酸酯类、烯唑醇、嘧菌酯、苯醚甲环唑、戊唑醇和氟硅唑等药剂。

（3）防治缺素症等生理病害的常用叶面肥　常用氨基酸螯合态或配合态的硼、锌、铁、锰、钙等防治缺素症效果较好的叶面肥防治缺素引起的生理病害，中国农业科学院果树研究所研制的氨基酸系列叶面肥对于缺素症的防治效果极好。

98. 在葡萄生产中，病虫害综合防治中的农业措施有哪些重要性？

加强肥水管理，复壮树势，提高树体抗病力，这是病害防治的根本措施；加强环境控制，降低空气湿度，这是病害防治的有效措施。

99. 葡萄果实采收后有哪些生理变化？

研究表明，在葡萄采后呼吸代谢过程中，无论常温或冷藏条件下，无梗果粒均属非呼吸跃变型果实，而果穗与果梗属呼吸跃变型。巨峰葡萄穗轴与果梗的呼吸强度是果粒的 10 ～ 15 倍，并具有呼吸高峰。巨峰葡萄在高于 25℃ 条件下贮藏时，由于穗轴与果梗呼吸的影响，整穗葡萄呼吸代谢变为跃变型；在低于 25℃ 条件下贮藏时，整穗葡萄呼吸强度变化较小，表现为非跃变型。葡萄在贮藏期间蒸发失水约为呼吸失水的 10 倍，失水 3%～ 6% 就会明显降低葡萄的品质，使其表面皱缩、光泽消退、细胞空隙增多、组织变成海绵状，使正常的呼吸作用受到影响，加快组织衰老，消弱了葡萄果实的耐藏性和抗病性。采后果粒脱落是葡萄贮藏过程中存在的主要问题，严重影响其商品价值。果粒脱落的重要原因是组织对乙烯的敏感性，这种敏感性首先受到内源生长素含量的影响，生长素越多，脱落区细胞对乙烯的敏感性越差；生长素含量降低，导致脱落区细胞对乙烯敏感性增强，同时脱落酸对果粒脱落有独立的作用过程。通常通过调控乙烯和脱落酸的含量来解决葡萄脱粒。

100. 采前因素如何影响葡萄果实的贮藏性？

（1）产量 果实贮藏品质及耐贮性与产量有密切的关系。用于贮藏的葡萄一般不宜超过 2 000kg/ 亩，最好控制在 1 500kg/ 亩左右，含糖量应达到 15%～ 18%，在这个产量幅度和糖度范围内，葡萄贮藏期可达 6 个月左右。

（2）肥水管理 合理施肥、灌溉，做好树体管理、田间管理可提高葡萄的耐贮性。葡萄用作贮藏的果园要多施有机肥和磷钾肥，过量施用氮肥不适于贮藏；山坡、丘陵、旱地沙壤土栽培的葡萄适于长期贮藏；采前对果实喷钙，有利于增加葡萄的耐贮性；灌水次数较多的葡萄其耐贮性不如旱地栽培。采前 10 ～ 15d 应停止灌溉；采前 3 ～ 10d 用植物生长调节剂等处理、喷布乙烯利等催熟剂的果穗不能用作长期贮藏。

（3）病虫害防治 加强病虫害防治也可提高葡萄的耐贮性。套袋能有效减少果实病害，提高耐贮性；采前喷 1 次杀菌剂，如甲基硫菌灵 800 倍液或多菌灵 600 ～ 800 倍液，有助于提高葡萄的耐贮性。

101. 在葡萄果实贮藏前，如何采收、包装与预冷？

（1）采收 用于贮藏的葡萄应在充分成熟时采收，在不发生冻害的前提下可适当晚采，采前 15 ～ 20d 须停止灌水，使葡萄含糖量增高。选择天气晴朗、无风、气温较低的上午或傍晚果面无露水时采收，阴雨、大雾天不宜采收，采前如下过雨，应推迟 1 周左右再采收。采收时剪下果穗，剔除果穗上的病虫害果，轻拿轻放，避免机械损伤，而且尽量保护果实表面的果粉。一般成熟后不落粒的品种，采收愈晚耐贮藏性愈强。采收时葡萄串上要没有可见真菌侵蚀病斑，洁净无水痕，葡萄粒在穗轴上尽可能具有相同间距，蜡粉均匀分布，穗轴呈绿色，果粒饱满，外有白霜，颜色较深且鲜艳。

A. 采收标准：果粒停止增大，浆果有弹性、具光泽；果皮变成品种特有的颜色，穗轴变褐；果穗要新鲜健壮，无病虫害侵染，无水罐子病，无日灼病，无机械伤害，洁净，无附着外来水分和药物残留，严禁带有水迹和病斑的果穗入库；风味甜酸适口、香味浓郁；葡萄上色均匀（不同的葡萄成熟时的色泽不一样，由品种而定）；可溶性固形物含量达 15%～18%。具体见表 6、表 7、表 8、表 9。

B. 采收方法：采用剪刀，手抓果梗剪下，并将病果、伤果、小粒、青粒等一并疏除，轻拿轻放，避免碰伤果穗、穗轴和擦掉果霜，然后将果穗平放在衬有 3～4 层纸的箱或筐中。另外，容器要浅而小，以能放 3～5kg 浆果为好。果穗装满后，迅速运往保鲜库，禁止果穗在阳光下直晒。

（2）包装 采用田间直接采摘分级包装，人为过多接触葡萄，容易造成葡萄不同部位的机械损伤、掉粒、裂果、果梗失水、干枯，影响保鲜效果。因此，在田间直接采摘分级包装效果较好。

（3）预冷 葡萄采后必须快速预冷。快速预冷可以有效而迅速地降低果穗呼吸强度，延缓贮藏中病菌的危害与繁殖。另外，快速预冷，还可以防止果梗干枯、失水，阻止果粒失水萎蔫和落粒，从而达到保持葡萄品质的目的。目前预冷方式主要是在装有吊顶风机的冷库内进行，将库温设定在 -1～0℃，预冷 20～24h，待葡萄果温降到 0℃时码垛入贮。预冷时，应采取分批次进果或者配备专用预冷库间，使葡萄果温迅速下降。预冷速度愈快，预冷愈彻底，袋内结露愈小，贮藏效果愈好。

（4）保鲜剂的投放与封口 依据不同品种、不同包装投放不同剂量的保鲜剂，一般采用 SO_2 防腐保鲜剂，如 CT-2 系列保鲜剂，每包保鲜剂可保鲜葡萄 0.5～1.0kg。必须等葡萄完全预冷后才能进行封口，否则会在葡萄贮藏期间产生结露，造成葡萄腐烂、霉变。

表6 鲜食葡萄的着色度等级标准
（中华人民共和国农业行业标准 鲜食葡萄 NY/T 470—2001）

着色程度	每穗中呈现良好的特有色泽的果粒≥		白色品种
	黑色品种	红色品种	
好	95%	75%	
良好	85%	70%	达到固有色泽
较好	75%	60%	

表7 鲜食葡萄的等级标准
（中华人民共和国农业行业标准 鲜食葡萄 NY/T 470—2001）

项目		优等	一等	二等
果穗基本要求		果穗完整、洁净、无异常气味，不落粒，无水罐子病，无干缩果，无腐烂，无小青粒，无非正常的外来水分，果梗、果蒂发育良好并健壮、新鲜、无伤害		
果粒基本要求		充分发育；充分成熟；果形端正，具有本品种固有特征		
果穗基本要求	果穗大小 (kg)	0.4 ~ 0.8	0.3 ~ 0.4	< 0.3 或 > 0.8
	果粒着生紧密度	中等紧密	中等紧密	极紧密或稀疏
果粒基本要求	大小 (kg)	≥平均值的115%	≥平均值	<平均值
	着色	好	良好	较好
	果粉	完整	完整	基本完整
	果面缺陷	无	缺陷果粒≤ 2%	缺陷果粒≤ 5%
	二氧化硫伤害	无	受伤果粒≤ 2%	受伤果粒≤ 5%
	可溶性固形物含量	≥平均值的115%	≥平均值	<平均值
	风味	好	良好	较好

表8 我国代表性鲜食葡萄品种的平均果粒重量和可溶性固形物含量

品种	平均单粒重 (g)	可溶性固形物含量 (%)	品种	平均单粒重 (g)	可溶性固形物含量 (%)
玫瑰红	5.0	17	圣诞玫瑰	6.0	16
无核白	2.5	19	泽香	5.5	17
瑞必尔	8.0	16	京秀	7.0	16
秋黑	8.0	17	绯红	9.0	14
里扎马特	10.0	15	木纳格	8.0	18
牛奶	8.0	15	巨峰	10.0	15
藤稔	15.0	14	无核白鸡心	6.0	15
红地球	12.0	16	京亚	9.0	14
龙眼	6.0	16			

注：表中数据为该品种在主栽区的平均值；部分品种为处理果实的数据。未列入的其他品种，可用其主产区三年的平均值。

表 9　部分葡萄品种入库前理化指标

品种	可溶性固形物（%）不低于	总酸量（酒石酸）（%）不高于	固酸比
里扎马特	15	0.62	24.2
巨峰	14	0.58	24.1
玫瑰香	17	0.65	26.2
保尔加尔	17	0.60	28.3
红大粒	17	0.68	25.0
牛奶	17	0.60	28.3
意大利	17	0.65	26.2
红地球	16	0.55	29.1
红鸡心	18	0.65	27.7
龙眼	16	0.57	28.1
黄金钟	16	0.55	29.0
泽香	18	0.70	25.7
吐鲁番红葡萄	19	0.65	29.2

102. 葡萄的最佳贮藏条件是什么？

（1）**温度**　温度是影响葡萄贮藏效果最重要的环境因素。低温贮藏不仅能抑制果实的呼吸作用，还能降低乙烯的生成量和释放量，同时可以抑制致病菌的生长繁殖，避免褐变腐烂，有利于葡萄的保鲜。一般来说，葡萄贮藏的适宜温度为 -2 ～ 0℃，不同葡萄品种最适冷藏温湿度见表 10。

表 10 不同葡萄品种贮藏最适温湿度

中文名	别名	贮藏温度（℃±）	相对湿度（%）
玫瑰露	地拉洼	0 ~ -1	90 ~ 95
巨峰		0 ~ -1.5	90 ~ 95
玫瑰香	紫玫瑰香	0 ~ -1	90 ~ 95
牛奶	宣化白葡萄、玛瑙、妈妈葡萄	0 ~ -1	90 ~ 95
保尔加尔	白莲子	0 ~ -2	90 ~ 95
意大利		0 ~ -2	90 ~ 95
红大粒	黑汗、黑罕、黑汉堡	0 ~ -1.5	90 ~ 95
新玫瑰	白浮士德	0 ~ -1.5	90 ~ 95
伊丽莎白		0 ~ -1.5	90 ~ 95
瓶儿葡萄		0 ~ -1.5	90 ~ 95
粉红太妃		0 ~ -1.5	90 ~ 95
无核白	阿克基什米什、无籽露、吐尔封	0 ~ -2	90 ~ 95
龙眼	秋紫	0 ~ -2	90 ~ 95
黄金钟	金后、中秋节	0 ~ -1.5	90 ~ 95
红鸡心	紫牛奶	0 ~ -1.5	90 ~ 95
红蜜	富尔玛、洋红蜜	0 ~ -2	90 ~ 95
粉红葡萄	西林	0 ~ -1.5	90 ~ 95
泽香		0 ~ -2	90 ~ 95
尼木兰格	尼木兰	0 ~ -2	90 ~ 95
吐鲁番红葡萄		0 ~ -2	90 ~ 95

（2）湿度　贮藏期间库房内相对湿度保持在 90%～95%。塑料大帐内的相对湿度不得低于 90%。为防止袋内湿度过大，水珠与葡萄接触，可在袋内放吸水纸。

（3）气体成分　巨峰葡萄采用 PVC 袋贮藏，袋内二氧化碳浓度 8%～12%，氧气浓度＜12%时，能起到明显自发气调作用，表现为果梗鲜绿、饱满、果肉硬、色泽紫红亮丽，保鲜效果极佳；玫瑰香较耐二氧化碳，当二氧化碳浓度为 8%～12%时可明显抑制葡萄腐烂和脱粒，好果率高，最佳气体指标为10% 氧气 +8% 二氧化碳；红地球以 2%～5% 氧气，0%～5% 二氧化碳贮藏效果最好；藤稔对二氧化碳敏感。

103. 葡萄主要有哪些贮藏方法？

（1）冷库贮藏　冷库贮藏主要采用塑料薄膜袋或大帐的贮藏方式，两种贮藏方式工艺稍有不同。保持低而稳定的温度是冷库贮藏的技术关键，温度控制不严，上下波动幅度太大，易引起袋或帐内湿度过大甚至造成积水，容易造成腐烂。①塑料薄膜袋贮藏工艺：适期晚采→分级、修穗→田间直接装入内衬薄膜袋的箱内→敞口预冷至 0℃→放入防腐剂→扎口上架或码垛贮藏。采用塑料薄膜袋贮藏，贮藏期间，若袋内结露严重，必须开袋放湿，无结露后再扎袋贮藏，否则会加重腐烂，缩短贮期。②塑料薄膜大帐贮藏工艺：采收→分级、修穗→装箱（木箱或塑料箱）→预冷至 0℃→上架或码垛→密封大帐→定期防腐处理。利用自发气调保鲜技术（MA）将在葡萄贮藏保鲜中发挥更大的作用。

（2）保鲜剂的应用　当前国内外应用的葡萄防腐保鲜剂主要是二氧化硫制剂。二氧化硫气体对葡萄贮藏中常见的真菌有较强的抑制作用，而且还可以降低葡萄的呼吸强度，有利于保持果实的营养和风味。①二氧化硫定期熏蒸法：按库内每立方米容积用硫黄 3～5g，加少许酒精或木屑点燃后密闭 1h。贮藏前期，每 10～15d 熏蒸 1 次，贮藏后期每 30d 熏蒸 1 次。每次熏蒸完毕后，要打开库门通风换气或揭帐换气。② 二氧化硫缓慢释放法：缓慢释放法有粉剂、片剂等形式。A. 重亚硫酸氢钠粉剂：将重亚硫酸氢钠与硅胶按（2～3):1的比例混合，用牛皮纸或小塑料薄膜（使用时需用针扎眼）包成 2～3g 的小袋，按葡萄总量 0.3%（巨峰、龙眼等）的比例放入密封袋或帐中。此方法相对较容易，但粉剂容易吸潮，二氧化硫释放速度较快，使用时应注意。B. 焦亚硫酸盐混合片剂：焦亚硫酸钠和焦亚硫酸钾按 1:1 比例混合，加入 1% 淀粉或糊精、1% 硬脂酸钙加工成一定重量（通常每片 0.5 ～ 0.6g）的片剂，按每千克 4 片的用量（巨峰、龙眼等，一般每小包 2 片或 4 片）放入薄膜袋、帐内中、上部，由于采取塑料薄膜包装，使用时需用大头针扎 6 ～ 8 个小孔，药片吸收潮气，缓慢释放出二氧化硫，达到防腐保鲜的效果。

（3）冰温贮藏　冰温贮藏是指在 0℃ 以下温度中贮藏而又不使果实发生冻害的方法。在冰温条件下，葡萄的生理代谢降到很低程度，但又能维持正常的新陈代谢，不易产生冻害和腐烂，这有利于葡萄的长期贮藏。一般情况下，葡萄含糖量愈高，冰点愈低，大部分葡萄品种在 -2℃ 时不会结冰，甚至在极轻结冰之后，葡萄仍能恢复新鲜状态。关键在于库温的精准控制和葡萄冰点的确定。冰温贮藏后的出库方式以三段过渡出库法最好，即 0℃→ 10℃→ 20℃→室温。

104. 葡萄主要有哪些贮藏病害？

（1）二氧化硫伤害　①病害症状：葡萄果粒被漂白，果面无光泽。红色品种变成浅红，白色品种果皮变成灰、褐色。葡萄果实伤口和果蒂部位首先表现出该症状，然后扩大到整个果粒，严重时整个果穗，包括穗梗和果柄均被漂白。②发病条件：用药过量，受伤害的葡萄遇高温即褐变。③防治措施：A. 根据不同品种对二氧化硫的敏感程度，掌握好合理的使用浓度。B. 采用塑料帐、袋尤其是薄膜袋贮藏的葡萄一定要预冷，贮藏过程中，库内温度要稳定，库温波动不得超过 ±1℃，否则因袋内湿度过大，二氧化硫缓释剂吸潮快，促使二氧化硫释放加快，进而引起伤害。C. 若发现已产生药害，应立即开袋（帐）通风换气，严重时终止贮藏。

（2）灰霉病　①病害症状：侵染后果面出现褐色凹陷，呈圆形病斑，使果粒明显裂纹，轻压可"脱皮"，很快整个果实软腐，长出鼠灰色霉层，果梗变黑色。②发病条件：病菌先侵染花柱头，呈潜伏状态或由伤口侵入。在 0℃ 下 10d 左右发病，-1℃ 仍缓慢生长。③防治措施：A. 花期前、后及采前喷布甲基硫菌灵或苯来特、特克多。B. 入贮时使用葡萄防腐剂。C. 库温低于 -1℃。

（3）青霉病　①病害症状：果粒上形成圆形或半圆形凹斑，果皮皱缩，果实软化，果实呈透明浆状物，有霉味，霉菌呈白色，后期出现青霉。②发病条件：采收搬运中造成的机械损伤或裂果处发病。0℃温度下发病很缓慢。③防治措施：A. 防止机械损伤发生。B. 贮藏温度低于 0℃以下。C. 使用葡萄防腐剂。

（4）交链孢霉腐病病原 ①病害症状：侵染后在果刷内出现呈棕褐色或深褐色的坏死斑，后期患病果粒从果穗上脱落。②发病条件：田间下雨，特别是采收季节前降雨，交链孢霉菌就侵入果柄与果实连接的纤维组织。③防治措施：A. 采前防雨，喷药。B.0℃以下贮藏。C. 使用葡萄防腐剂。

（5）芽枝孢霉腐病病原 ①病害症状：侵染后果梗顶端或侧面产生黑色坚硬腐烂病斑，果粒侧面呈扁平状或皱缩状，出库几天即出现绿色的霉层。②发病条件：伤口侵染或在果梗末端小的裂纹处入侵（4～13℃发病）。③防治措施：A. 入库前清除病、伤果粒。B. 使用葡萄防腐剂。

（6）根霉腐败病病原 ①病害症状：变软，果汁流出，常温下长出粗白色丝体，冷藏下，烂果呈灰色或黑色团。②发病条件：伤口侵入，预冷不好，库温过高引起；或粗暴装卸。③防治措施：A. 加强果园管理。B. 预冷要好。

（7）黑腐病 ①病害症状：果粒开始呈紫褐色，后变黑软腐，最后病果粒失水干缩。②发病条件：潜伏侵染或伤口侵染。预冷不佳，码垛过于密集，散热慢，果穗温度高。③防治措施：A. 加强果园管理。B. 预冷要好。

（8）白腐病 ①病害症状：果粒基部变淡褐色软腐，果粒密布灰白色小粒点，全穗腐烂，果梗干枯缢缩。②发病条件：病菌潜伏或带入库内，库温高。③防治措施：A. 进入雨季初（7月上旬至中旬）每隔7～15d喷1次防病药。B. 严格控制库温。

105. 在葡萄生产中，抗旱栽培主要包括哪些技术措施？

（1）选用抗旱砧木 生产实践和前人试验已证明，砧木的抗旱性普遍强于栽培品种，而不同基因型来源的砧木抗旱性也有很大区别。目前生产上最常使用的砧木，以沙地葡萄和冬葡萄杂交育成的砧木如 110R、140Ru、1103P 抗旱性为强，河岸葡萄和冬葡萄杂交育成的砧木如 SO4、5BB 次之，而河岸葡萄与沙地葡萄杂交育成的砧木，如 3309C、101-14M、光荣河岸等抗旱能力较弱。

因此，在降水量少的地中海周边地区如西班牙、葡萄牙、阿尔及利亚、以色列等建葡萄园主要使用抗旱性强的砧木，如140Ru、110R及1103P等，而在降水量充足的地区如德国、法国及意大利北部等则多使用生长势中旺的砧木，如SO4、5C、5BB、3309C等。在灌溉的条件下用140Ru或1103P做砧木树势很旺，往往可获得相当高的产量，但会影响果实品质和酒质。

（2）改良土壤　干旱条件下葡萄会出现根系加深的适应性反应，根的深扎（以根长或根量表示）被认为是抗旱的一个重要特征，而限制根系分布深度的因素之一是土壤容重或紧实度、土层厚度和土层湿度，因此在干旱半干旱地区强调种植前进行深翻改土，打破黏板层，多施有机底肥；黏土层掺放秸秆、沙石；瘠薄土层则客土培肥，集中栽培等。生产上发现即使是没有黏板层的土壤，即使下层母质是酥石砂岩，如果不翻耕改良，葡萄的根系也比较难以深入下扎。

（3）果园生草　果园生草在欧美日等发达国家和地区已被广泛应用，我国目前仍以清耕制为主。传统清耕锄草的主要缺点是果园行间地面裸露，造成果园尤其是坡地果园土壤侵蚀，导致水土流失，且不利于形成优良的果园小气候。特别是近年随着劳动力的短缺以及人工成本上升，很多地方以除草剂除草为主，葡萄发生除草剂药害的事件频频发生，对产量和果品安全都有影响。①生草对抗旱的作用。A. 生草改善土壤物理性状：在葡萄园行间播种多年生黑麦草、紫花苜蓿、白三叶草可降低土壤容重，提高孔隙度，且随着生草年限的增加，土壤物理性状改善越显著，土壤的入渗性能和持水能力越能得到较大幅度的提高。B. 生草改善小气候：葡萄园行间生草可使地面最高温度降低 $5.7 \sim 7.3℃$，地面温度日较差降低 $6.7 \sim 7.6℃$。草的生长降低了地表的风速，从而减少了土壤的蒸发量；生草区的空气相对湿度一般高于清耕区；在雨季清耕果园土壤泥泞，人工和机械无法进地打药或采摘，而生草的果园则有优势。C. 生草对土壤水分的影响：担心生草和葡萄竞争水分是推广生草的障碍因素之一。在半干旱地区，生草可降低葡萄园表层主要是 $0 \sim 40cm$ 土层的水分含量，葡萄上层根系生长受到抑制，会诱导根系向深层发展，利用深层的水分和养分，从而发展了抗旱性。生草对 $40 \sim 80cm$ 土层均具有调蓄作用。降水量大的地区水分竞争不明显，对生长量的影响也不明显。在降水较多的季节，生草可以较快地排出土壤中较多的水分，促进葡萄根系的生长和养分的吸收。但生草处理的土壤饱和贮水量、吸持贮水量及滞留贮水量都比清耕略高。②草种选择：筛选适宜的草种是生草制的重点和难点，不同地区结果也不相同，一般建议选择根系浅的草类，如白三叶、鸭茅和红三叶。在陕西杨凌对葡萄园行间生草研究表明，种植白三叶对 0～60cm 土层含水量影响较大，而紫花苜蓿影响较小。然而，越来越多的研究者倾向于自然生草，因为与人工生草相比，自然生草具有更丰富的植物群落，在生长发育时期上和降水基本一致；而且自然生草不用播种，节省开支，只要定期刈割管理，特别是在未结籽前进行刈割，不耐刈割的草种逐渐被淘汰，耐刈割的草种逐渐固定形成相对一致的草皮，对树体生长发育的不良影响较小。③适宜生草的条件：一般认为，在降水比较丰沛的地区，如年降水量达到 500mm 以上，比较适宜生草；在干旱又无灌溉条件的地区不适宜人工生草。

（4）土壤覆盖 ①覆盖的作用：利用果园生草剪草直接覆盖或利用作物秸秆、植物加工下脚料如糠壳、茶叶末、锯末、酒渣、蘑菇棒、烟末沼气渣等进行全园覆盖或行内覆盖。覆盖一方面减少了杂草生长和除草作业；另一方面也能保湿，减少地表蒸发，降低夏季的地表温度，减少氮素化肥的挥发，同时控制了地表径流造成的水土肥料流失。由于植物秸秆含有大量的有机质和矿物质元素特别是钾，长期覆盖翻耕能不同程度地增加土壤有机质及矿物质元素的含量；有些有机物料如养殖蘑菇的菌棒或烟草加工的下脚料或茶叶加工末对土壤病虫害还有一定抑制作用。②覆盖技术。A. 备料：麦秸、玉米秸、稻草等铡短，其他草一般可以直接覆盖。按亩用量 1 000～1 500kg 备料。B. 整地：视果园土壤状况而定，若严重板结应翻松，若干旱应先灌水，瘠薄果园需要在待覆盖的地面撒施一定量的尿素，以免草料腐熟时与树体争氮。C. 覆盖：秸秆的覆盖厚度一般在 15～20cm，亩用量大约 2 000kg。摊匀后的草要尽量压实，为防止风刮，要在草上撒土，近树处露出根颈。其他沉实的物料可覆 3cm 左右。一年四季均可覆盖。D. 管理：自然生草定期刈割覆盖，秋冬翻耕，即夏季覆草，秋末施基肥时翻埋；也可利用秸秆不间断年年添补覆盖，保持一定厚度，3～4 年深翻一次，防止根系上浮。覆草后要严防火灾。覆草最适用于山丘果园，平地覆草应防止内涝，涝洼地不适宜覆草。③覆膜：地膜覆盖是调节土壤湿度和温度，调节树体生长节律的一个重要技术措施，已经在一年生经济作物和保护地栽培上普遍应用。除了白色地膜，还有黑色和其他颜色的，其中黑色地膜控制杂草生长效果较好。不同生态条件下地膜应用的时间和目标不同。在干旱地区生长季节覆盖地膜后可有效减少地面蒸发和水分消耗，保持膜下土壤湿润和相对稳定，有利于树体生长发育。但在春霜冻频繁的地区，需要霜冻期过后覆膜，以免早覆膜后树体生长较快而受冻；覆膜后根系上浮，因此在冬季寒冷而葡萄又不下架的地区也不适宜覆膜。在多雨的南方，起垄覆黑地膜，可使过量的降水流到排水沟内排走，可减少植株对水分的吸收，控制旺长并减少杂草和管理作业。覆膜方法简单，关键是行内地面要平整或一致，覆盖宽度根据树体大小和行距定，覆盖后用土压实、封严。

（5）穴贮肥水　这是山东农业大学束怀瑞教授为沂蒙山区土层瘠薄、砾质、无灌溉条件的苹果园发明的抗旱施肥技术，适宜于干旱的山区丘陵或沙地、黄土塬地，特别适宜于占天不占地的葡萄园。具体方法是根据树体或种植区的大小，在树的周围挖 4 个深 50～70cm、直径 40～50cm 的坑穴，其内竖填上用玉米或高粱等秸秆做成的草把，玉米秸秆需要拍裂，最好在沼液或液体肥料中浸泡，穴内可填充有机肥、枯枝杂草等各种有机物料，撒上复合肥，覆土，浇透水，使穴的中间保持最低，覆盖薄膜，并在薄膜的中间用手指抠 1 个洞，便于雨水流入穴内。当需要浇水施肥时掀开薄膜施入，即形成多个固定的营养供应点，局部改良树体的水肥气热，使根系集中到穴周边，优化植株的生存空间，有利于丰产稳产。

（6）交替灌溉、调亏灌溉或部分根区干旱技术（PRD）　这是一种主动控制植物部分根区交替湿润和干燥，既能满足植物水分需求又能控制其蒸腾耗水的节水调控新思路，是常规节水灌溉技术的新突破。1996 年澳大利亚学者Dry 等人在葡萄上试验发现，使部分根区干旱，旱区根系将通过分泌化学信号ABA 诱导叶片气孔部分关闭，而得到充分水分供应的根系则使整株植物保持良好的水分供应状态。部分根区干旱处理的葡萄植株叶面积减少，深层根系分布比例增加，葡萄产量和果实大小并不受影响，而水分利用率大幅度提高，据此他提出了"部分根区干旱理论"，很快引起了重视并在果树及农作物上得到推广利用。简单来说，如果对葡萄进行畦灌，可隔行灌溉，仅使一半的根系获得水分。该技术可减少行间土壤湿润面积，减少土面蒸发损失，也可减少灌溉水的深层渗漏。对于优化葡萄的水分利用效率，节约用水，提高葡萄的产量和品质无疑具有十分重要的理论和现实意义。

（7）施用保水剂　近年来保水剂作为一种化学抗旱节水材料在农业生产中已得到广泛应用。保水剂是利用强吸水性树脂做成的一种超高吸水能力的高分子聚合物，可吸收自身重量数百倍的水分，吸水后可缓慢释放供植物吸收利用，且具有反复吸水功能，从而增强土壤的持水性，减少水的深层渗漏和土壤养分流失。田间试验结果表明，对于成年果树第一次使用保水剂，建议选用颗粒大的保水剂，每亩用量 5kg，随基肥施入沟内。保水剂寿命 4～6 年，其吸放水肥的效果会逐年下降，因此每年施化肥时还需要混施入 1～2kg。然而也有试验结果表明，保水剂的持水力会因为磷钾等肥料的施入而有明显降低，建议保水剂单独使用。

（8）喷施抗蒸腾剂　抗蒸腾剂是指喷施于叶面后能够降低植物的蒸腾速率，减少水分散失的一类化学物质。通常把抗蒸腾剂分为三类，一类是代谢型抗蒸腾剂，也叫气孔关闭剂，如一些植物生长调节剂、除草剂、杀菌剂等。第二类是成膜型抗蒸腾剂，由各种能形成薄膜的物质组成，如硅酮类、聚乙烯、聚氯乙烯和石蜡乳剂。这些物质能在植物表面形成一层薄膜，封闭气孔口，阻止水分透过，从而降低蒸腾。第三类是反射型抗蒸腾剂，这类物质中研究最多的是高岭土。A. ABA（脱落酸）：目前已证实 ABA 不但促进果实与叶的成熟与脱落，而且具有增强作物抗逆性的功能。多种试验表明，前期喷布 ABA 可促进侧根生长，提高植株的抗旱能力；阿根廷在赤霞珠葡萄发芽后 15d 间隔 1 周多次喷布 ABA，产量提高了 1.5～2 倍，节间长度和叶面积只有轻微的减少，其他性能没有明显变化；美国加州的试验证明，在赤霞珠葡萄转色期后浸沾 ABA 可显著提高花青素的含量，改善着色。B. 黄腐酸：黄腐酸（FA）是一种既溶于酸性溶液，又溶于碱性溶液的腐殖酸，是一种天然生物活性有机物质，并含有 Fe、Mn、B、Ca 等营养元素。对红地球葡萄喷布黄腐酸 1 000 倍液或黄腐酸 1 000 倍液＋含钙的氨基酸 5 号叶面肥 500 倍液 3～4 次，可明显降低红地球葡萄白腐病的发病率、改善生长发育状况、提高果实品质。黄腐酸对农药有缓释增效、减小分解速率、提高农药稳定性、降低农药毒性等作用。土壤施用还有改良土壤和增加土壤有机质的作用。C. 羧甲基纤维素（抗旱剂）：越冬后如果发现枝条有轻度失水现象，葡萄园应尽快喷施抗旱剂，全园喷布 400 倍羧甲基纤维素 1～2 次，间隔 10～15d，可减轻旱情对葡萄的进一步影响。

106. 葡萄冻害的成因是什么？不同品种的抗寒性怎么样？

（1）冻害成因 休眠季节当低温达到葡萄器官能忍受的临近点之后，细胞内开始结冰，细胞膜破裂，外观上经常可以看到芽组织或枝干皮层甚至木质部变褐，或呈水浸状；在显微镜下观测，当葡萄枝干从 0 ℃ 降到 -20 ℃，含水丰富的组织形成的冰晶可使体积膨胀 8%～9%，冰晶将拉伸应力传导给树干组织，从而导致皮层以及韧皮部的细胞壁和筛管破裂，即产生裂纹。冰晶形成的数量与组织液含量和浓度有关，如果葡萄枝条能及时停长保持较低的水分，而且含有足量的淀粉和糖以及蛋白质等贮藏营养，冰晶形成的数量就会大为减少，概率也会降低。

实际上冬季树木在热胀冷缩的物理原理下都会经历外部皮层和内部芯材遇冷收缩不同步而产生裂隙的现象，裂隙的弥合能力或冰晶是否形成是开裂与否的关键。葡萄木质疏松，在大气干旱的条件下，裂纹往往随着强劲的春风越来越明显，最终树体脱水形成生理干旱，导致枝蔓开裂，干枯死亡。

（2）种性差别 不同种类葡萄的抗寒性有很大差别。东亚种山葡萄最抗寒，枝条芽眼可抗 -40℃低温，其次是河岸葡萄，可抗 -30℃左右，大部分欧洲种葡萄的芽眼在 -15℃时就有可能发生冻害，欧美杂交种稍强，大部分种间杂种能抗 -20℃以上低温；而起源于温暖地区的葡萄种类如圆叶葡萄、华东葡萄、刺葡萄等则不抗寒。美洲种或偏向于美洲种的欧美杂交种，如康可、康拜尔、白香蕉、红富士等品种的抗寒性强于偏欧亚种的杂交种，夏黑的抗寒性明显优于红宝石无核和早红无核。在欧亚种栽培品种中，起源于北方寒冷地区的品种如雷司令、霞多丽、黑比诺等比起源于温暖地区的品种如西拉、赤霞珠等抗寒；早熟及中熟品种比晚熟品种抗寒。

（3）器官差别 同一植株不同器官抗寒性有很大区别，枝条比较抗寒，其次是芽眼，根系特别是细根最不抗寒。欧洲葡萄的根系在土温 -5℃就会发生严重冻害，山葡萄的根系可抗零下十几度的低温。

107. 在葡萄生产中，抗寒栽培主要包括哪些技术措施？

（1）抗寒嫁接苗 目前推广的抗根瘤蚜砧木抗寒性都优于欧亚种栽培品种

自根系。不同类型砧木的根系的半致死温度在 $-10 \sim -7.3℃$，能适应的土壤低温在 $-5℃$ 以上。不同类型砧木的抗寒性一方面与其遗传有关，如河岸葡萄抗寒性较强，也与其根系类型有关。如同一砧木粗根的抗寒性比细根高很多；同时也与砧木根系在土壤中的空间分布有关。田间试验发现，沙地葡萄-冬葡萄的杂交砧木，由于粗根为主，而且扎根深土层，故而在同样温度下反而比浅层根系的河岸葡萄杂交砧木抗寒。因此，冬季寒冷地区建议选择深根性的砧木，如 110R、140Ru、1103P，尽量避开根系主要分布在表层的砧木。在冬季气温变化剧烈、容易发生裂干的地区，建议用砧木高接苗建园，即以砧木形成主干。气象学家研究发现，晴天果园的贴地气层内的温度以 1.5m 处为最高，0.1m 处为最低，其次是 0.5m，目前大部分嫁接苗根颈贴地表，此高度正处在温度最低、低温持续时间最长的气层内，不利于果树的避冻御寒。因此砧木的高度建议最好超过 0.5m，新西兰高接部位在 0.7m。

（2）覆盖防寒　我国处于大陆性季风气候区，北方漫长的冬季寒冷而干旱，在最低温度高于或临近 $-15℃$ 的地区栽培的欧美杂交种葡萄现在冬季大部分都不进行埋土防寒，过去栽培的欧亚种葡萄大多数进行埋土防寒，随着暖冬和劳动力短缺现在越来越少埋土；在最冷月低温常年低于 $-15℃$ 的严寒地区，大部分栽培品种都需要下架埋土防寒。①防寒时间：埋土防寒时间应在气温下降到 $0℃$ 以后、土壤尚未封冻前进行。埋土过早植株未得到充分抗寒锻炼，会降低植株的抗寒能力；埋土过晚根系在埋土时就有可能受冻，而且取土困难，不易盖严植株，起不到防寒作用。②撤土时间及方法：在埋藏处的温度达 $10℃$ 前完成撤土，或在树液开始流动后至芽眼膨大以前撤除防寒土。撤土过早根系未开始活动，枝芽易被风抽干；过晚则芽眼在土中萌发，撤土上架时很容易被碰掉。华北地区葡萄的撤土时间在 3 月末至 4 月上旬。一般情况下防寒物一次撤完，但较寒冷的地方，可根据气温条件分次撤除防寒土。撤土后枝蔓要及时上架。

（3）抗寒种植方式　①宽行种植：在寒冷地区建议种植行距最好 3m 以上，以便于机械在行间取土而不伤及根系。品种自根系和分根角度小的砧木根系往往水平延伸根系到行间的 80cm 左右，因此埋土区取土部位距离种植部位至少 100cm，取土越多距离根系就要越远，避免靠近根系取土造成根系主要分布区土层变薄或透风散气。②深沟浅埋：在寒冷地区提倡深沟浅埋种植法，沟的深度和宽度与需要取土的量有关，以方便取土掩埋或便于覆盖为准，同时还要兼顾生长季节的操作便利性。行距3.0～3.5m条件下，挖宽60～80cm、深70～100cm的定植沟，开沟时每亩施5～8m³有机肥，与表土混合放在定植沟一侧，心土放在另一侧，将混合土填入定植沟中，再填入部分心土使定植沟深度保留20～25cm，灌水，沉实后可定植。③简约树形：埋土防寒区选择树形需要方便下架和出土上架，因此提倡简约树形，如具"鸭脖弯"的斜干单层单臂水平龙干形，同时尽量减少对枝蔓的扭伤，以免导致开裂的枝干失水或诱发根癌病、白腐病等。此外，建议二次修剪，即冬季长剪，待春季出土后再定剪。④调控水分：秋后需要控制灌水，及时排水，促进枝条成熟，为了提高产量在果实成熟时大量灌溉是不明智的。枝条越冬时含水量越高越容易遭受冻害。埋土防寒前视土壤墒情灌封冻水，封冻水在干旱地区葡萄园是不可或缺的，但要注意等表土干后再进行埋土防寒，防止土壤过湿造成芽眼霉烂。春季葡萄从树液开始流动到发芽一般需1个月左右，出土前后根系已恢复活动。为了防止抽条，需要密切关注土壤水分和大气干旱情况，及时进行土壤灌溉。在不埋土地区，一般化冻后就陆续开始灌溉，一方面增加土壤和大气湿度，另一方面降低气温，推迟萌芽，预防春霜冻。有条件的地方建议配套地上软管微喷灌，增加枝蔓微环境的湿度，防止抽干，同时使预防春霜冻的效果更好。

（4）种植抗寒品种　在冬季严寒的地区，可选择抗寒的种间杂种。山葡萄、河岸葡萄及美洲葡萄是抗寒性很强的种，其杂交后代抗寒性大多数比较强。需要注意的是山葡萄萌芽所需要的温度低，萌芽比欧亚种葡萄早20 d以上，在容易发生春霜冻的地区不适宜引种纯种山葡萄品种，可以试种山欧杂交种，如华葡1号、熊岳白、左优红和北醇等。国外育成的抗寒种间杂种很多，摩尔多瓦在我国已经广泛栽培。目前在寒区栽培较多的如法国育成的种间杂种威代尔、香百川、香赛罗，美国育成的河岸葡萄杂交品种Frontenac，可抗-35℃低温。德国在抗寒葡萄育种方面更趋向于培育欧亚种亲缘关系的品种，如育成的酿酒葡萄品种紫大夫、解百纳米特等，其原产的欧亚种品种雷司令是欧亚种中最抗寒的品种。意大利雷司令即贵人香、霞多丽、黑比诺等原产于北方的品种，抗寒性也较强。

108. 葡萄冻害发生后采取哪些补救措施？

（1）防止冻害加剧的措施　发现冻害后不要急着修剪或刨树，保持土壤适宜的墒情，等待其自然萌发和恢复，亦不必加大地面灌溉，以免降低地温推迟发芽。仅仅是裂干而无芽体枝条冻伤褐变的葡萄园或者是规模小的鲜食葡萄园可以对树干进行黑色薄膜包裹（鲜食葡萄园也可以在冬季来临前就进行包裹），防止失水并促其愈合。规模大的葡萄园可以实施喷灌，像软管带喷，移动喷灌，以增加树体周围的湿度，防止进一步抽干；也可以结合病虫害防治喷布石硫合剂、柴油乳剂等，以及具有成膜作用的物质，如喷施2次200倍的羧甲基纤维素，5～10倍的石蜡乳液，以及高岭土等，都对防止进一步抽干有一定作用。

（2）不同冻害程度区别对待　①萌芽后，对于地上部死亡、萌生根蘖的葡萄园，关键是采取控制树势、控制主梢徒长的技术措施，包括保留大量副梢以分散水肥供应势，前期不施氮肥，适当控水，叶面喷各种氨基酸肥或甲壳素类促进叶片厚实，也可以喷布生长延缓剂如ABA或烯效唑；中后期增加叶面喷肥，除氮、磷、钾外，增加硅、钙、镁等微量元素。进行病虫害防治时注意选择同时具有生长调节剂作用的药物，如三唑酮、烯唑醇、丙环唑等三唑类，它们不仅是高效广谱内吸杀菌剂，而且对植株生长有一定的调节作用，可延缓植物地上部生长，增加叶厚，提高光合作用，增加抗逆性，但有果的植株膨大之前不宜喷施，以免抑制果实膨大造成裂果。②对于地上部结果母枝受一定冻害，主干及枝蔓基部的副芽、隐芽还可以萌发的葡萄园，以及枝蔓受轻微冻害、芽体发育不良、萌芽迟缓的葡萄园，需要加大水肥管理，除了结合灌水追施尿素和磷酸二铵，还需要增加叶面喷肥，如喷0.2%～0.5%尿素与0.2%～0.5%磷酸二氢钾或喷氨基酸肥等促进枝叶生长。③对于冻害后产量较低的鲜食葡萄园，采用二茬果弥补产量。于一茬果坐果期或稍后，诱发未木质化的第6～8节冬芽结二茬果。受冻园需要加强病虫害综合防治，特别是要防控好霜霉病，防止早期落叶导致枝条成熟不良而再次影响越冬性，造成恶性循环。

109. 葡萄霜冻有哪些类型？

霜冻是指发生在冬春和秋冬之交，由于冷空气的入侵或辐射冷却，使植物表面以及近地面空气层的温度骤降到0℃以下，导致植株受害或者死亡的一种短时间低温灾害。发生霜冻时如果大气中的水汽含量较高，通常会见到作物表面有白色凝结物出现，这类霜冻称之为"白霜"。当大气中水汽含量较低时，无白霜存在，但作物仍然受到冻害的现象称之为"暗霜"或"黑霜"。根据霜冻的成因又可将其分为平流型霜冻、辐射型霜冻、混合型霜冻。平流型霜冻是由于出现强烈平流天气引起剧烈降温导致的霜冻，一般影响到地形突出的山丘顶以及迎风坡上；辐射型霜冻发生于晴朗无风的夜间，地面和植物表面强烈辐射降温导致霜冻害，地势低洼的地块发生重；混合型霜冻则是由冷平流和强烈辐射冷却双重因素形成的霜冻。霜冻发生于葡萄生长季节。发生在秋冬的称早霜冻或秋霜冻，秋季葡萄叶片尚未形成离层正常脱落时，温度突然下降到0℃以下，常把叶片冻僵在树上。单纯早霜对葡萄的影响不是很大，影响较大的是11月初突如其来的剧烈而持续的降温特别是伴随降雪，对埋土防寒地区的树体下架埋土造成了障碍，此时树体抗寒性较差，越冬性往往受到影响。晚霜冻俗称春霜冻或倒春寒，一般发生于晴好的天气，由于强冷空气入侵引起迅速降温，往往24h降温超过10℃并降至0℃以下，葡萄新梢及花穗发生冻害，对全年的生长和结实影响较大。

110. 在葡萄生产中，如何预防或减轻霜冻危害？

（1）品种及栽培环境的选择 在频繁发生晚霜冻的地区，需要避免选择发芽早的葡萄种类，如山葡萄的各种类型，而应适当选择发芽晚的葡萄品种，如赤霞珠、雷司令、西拉。虽然大部分鲜食品种遭受霜冻后副梢及隐芽还会有相当的产量，但还是需要注意选择容易抽生二次果的品种，如巨峰、夏黑、红双味、巨玫瑰、摩尔多瓦、玫瑰香等，以便遭受霜冻后有比较可观的产量补偿。在容易发生春霜冻的地区需要格外重视防风林的设置，同时要避免把葡萄种植在谷底或低洼地等冷空气容易沉积的环境内。

（2）预测预报 准确预测预报霜冻是防止霜冻的先决条件，一方面是根据当地常年发生霜冻的时间，如胶东半岛为4月中下旬，届时密切关注天气预报和天气变化；另一方面，大的葡萄园最好自己安装小型气象监测系统进行实时监控，因为发生霜冻时田间温度往往低于天气预报的温度。

（3）防霜措施 ①灌溉：在霜冻频发区，推迟萌芽期是预防霜冻的方法之一，除了延迟修剪可推迟萌芽以外，春季化冻后频繁灌溉，降低地温，也可推迟萌芽3～5d；萌芽后，在霜冻发生临界期保持地面湿润可明显减轻霜冻的危害，因此在剧烈降温的时候进行灌溉，特别是在霜冻发生的夜晚进行不间断的喷灌可明显减轻霜冻。②熏烟：熏烟是果农常用的防霜方法。生烟方法是利用作物秸秆、杂草、落叶枝条以及牛羊粪等能产生大量烟雾的易燃物料，每亩至少5～10堆，或间距12～15m，均匀分布，堆底直径1.5m以上，高1.5m，堆垛时各部位斜插几根粗木棍，堆完后抽出作为透气孔，垛表面可覆一层湿锯末等以利于长久发烟，待温度降低到接近0℃时，将火种从洞孔点燃内部物料生烟。生烟质量高的可提高果园温度2℃，因此熏烟对-2℃以上的轻微霜冻有一定效果，如低于-2℃预防效果则不明显。对于小面积的葡萄园甚至可以点明火进行增温。近些年来，采用硝酸铵、锯末、柴油混合制成的烟雾剂代替烟堆熏烟，使用方便，烟量大，防霜效果较好。③覆盖：小规模的葡萄园在霜冻来临的夜晚用无纺布、塑料布等进行全园搭盖是抵御霜冻的有效方法；在非埋土防寒区，如果冬季采用了无纺布等覆盖物进行防寒，可在园内保留覆盖物，当预测有霜冻的天气后搭盖到第二道铁丝上，直至霜冻解除后再撤。④风机搅拌：辐射霜冻是在空气静止情况下发生的，利用大型吹风机增强空气流通，将冷气吹散，可以起到防霜效果。日本试验表明，吹风后的升温值为1～2℃。美国、加拿大等葡萄园开始大面积使用可移动式高空气流交换机抵御霜冻。⑤防治冰核细菌：水从液态向固态转变需要一种称为冰核的物质来催化。国外发现了能使植物体内的水在-5～-2℃结冰的一类细菌，被称为冰核细菌。近年国内外大量研究证明，冰核细菌可在-3～-2℃诱发植物细胞水结冰而发生霜冻，而无冰核细菌存的植物一般可耐-7～-6℃的低温而不发生或轻微发生霜冻。因此防御植物霜冻的另外一条途径就是利用化学药剂杀死或清除植物上的冰核细菌。美国用一种羧酸酯化丙烯酸聚合物喷洒叶面形成保护膜，将叶片上的冰核细菌包围起来抑制其繁殖，对抵御果蔬霜冻效果明显；日本研制出的辛基苯偶酰二甲基铵（OBDA），能有效地使冰核细菌失活，用于茶树防霜。此外用链霉素和铜水合剂防除玉米苗期上的冰核细菌，用代森锰锌、福美双喷布茶叶也能有效清除冰核细菌，降低霜冻危害。因此葡萄园预防春霜冻可以考虑杀菌剂的配套应用。⑥提高植株抗性的其他方法：目前市面上有各种防冻剂销售，在获得预报12h内将发生果树冻害的低温天气时，对葡萄幼龄器官喷布防冻剂1～2次能够起到良好的保护作用；喷布含钙的氨基酸4号叶面肥和绿丰源（多肽）等有机态液体肥料，能够提高细胞液浓度，从而提高结冰点。此外，人们发现一些与抗逆性相关的植物生长调节剂也表现出很好的抗寒效果，如喷布 ABA 能提高耐结冰能力。

（4）霜冻后的管理　如果霜冻发生的时间早，仅伤害了结果母枝上部已经萌发的芽，中下部还有冬芽未萌发，可直接剪掉已经萌发受冻的部分，促使下部冬芽萌发，对当年产量影响不大。受害较轻的葡萄园不要急于修剪，等树体有所恢复后将确定死亡的梢尖连同幼叶剪除，促使剪口下冬芽或夏芽萌发。受害中等葡萄园，可保留未死亡的所有新梢包括副梢，剪除死亡的部分，促使剪口下冬芽或夏芽尽快萌发。上部萌发后的副梢保留延长生长，中下部副梢保留 2～3 片叶摘心。受害严重的葡萄园，将新梢从基部全部剪除，促使剪口下结果母枝的副芽或隐芽萌发。采取促进生长的栽培管理措施，包括松土或覆膜提高地温，叶片喷布氨基酸叶面肥，加强病虫害防治等。

111. 葡萄抗涝性如何？

涝渍不仅是南方葡萄栽培的制约因素，突如其来的台风大暴雨往往也在北方地区短时间造成涝害。轻度涝渍造成葡萄叶片生理性缺水萎蔫、卷曲；中等涝渍造成下部叶片脱落，冬芽萌发；重度涝渍则能造成根系窒息，全株死亡。葡萄总体上是抗涝性较强的树种。我国南方众多野生种如刺葡萄、毛葡萄、华东葡萄等对湿涝均有较强的抗性，有些种如刺葡萄、毛葡萄在南方已经进行商业性规模栽培。葡萄砧木中来自河岸葡萄亲缘关系的砧木比沙地葡萄的更抗涝，因此南方比较多用 SO4、5BB、101-14 及 3309C 等作为砧木。实践中发现浸泡在水中 4d 对所有砧木基本不构成明显伤害；栽培品种的抗涝性中等。

112. 在葡萄生产中，如何预防或减轻涝害？

（1）排水设施　建园时不但要选择不易积涝的地形，也要配套完善的排水设施和网络；不但要注意本葡萄园的排水系统，也要考虑大环境的洪水出路。

（2）涝后管理　淹水后土壤板结滞水，需要及时松土，增加土壤通透性，散发水分。较长时间淹水后葡萄根系处于厌氧呼吸状态，大量细根死亡，根系的吸收机能受到影响，应该相应减少枝叶量，清除部分新梢，达到地上和地下新的平衡。修剪的同时进行清园，清除感病的病枝叶、病果，遏制病源传播。

及时进行病虫害防治，重点是防治霜霉病和果实病害，配合喷药进行根外追肥，以喷施叶面肥效果最佳。保肥力差的园片适量追施氮磷钾复合肥，以恢复树势，增加贮藏营养，增强越冬性。

113. 葡萄高温伤害的类型及发生原因是什么？

葡萄作为森林内蔓生匍匐性生长的浆果植物，其最适生长温度为25～30℃，超过30℃光合作用下降，35～40℃的高温往往能导致植株水分生理异常，叶片特别是果实发生不同程度的日灼，严重影响生长发育。

（1）落花落果 花期高温往往发生于南方和西北干旱地区如新疆等地。花期也是新梢快速生长期，持续的高温后容易促进新梢的营养生长，如果叠加过多氮肥和水分，容易出现新梢徒长，和花穗竞争营养，引起落花。

（2）气灼病 也叫缩果病，多发生于幼果膨大硬核期，发生的条件为连续阴雨土壤饱和，或漫灌后土壤湿度大，果粒上有水珠，而后骤然闷热升温，几小时内就会出现症状。症状表现为失水凹陷，初为浅黄褐色小斑点，后迅速扩大，似开水烫状大斑，病斑表皮以下有些像海绵组织，最后逐渐形成干疤，从而导致整个果粒干枯。气灼病是生理性水分失调症，根本原因是根系水分吸收和地上部新梢、果实水分蒸散不平衡，根系弱，吸收能力差，地上新梢生长旺盛，果实竞争能力差导致的。果皮薄的品种如红地球、龙眼、白牛奶等品种，气灼病发生比较严重；疏果晚（套袋前才疏果）以及套袋也容易发生气灼病。

（3）日灼病 高温干旱的盛夏由于强光照射特别是强紫外线照射，容易造成叶片和果实的灼伤，通常称为日灼病，叶片边缘表现大范围火烧状黄褐色斑，果实上也呈现火烧状洼陷褐斑，红地球、美人指、巨峰、温克等品种较重。产量过高、管理粗放的果园发生日灼重。一切使果实易受到直接照射的管理技术措施容易引发日灼。如东西行向比南北行向容易发生日灼；篱架比棚架容易发生日灼；果穗周边有副梢和叶片遮挡的不容易发生日灼，套优质白色果袋的不容易发生日灼。

114. 在葡萄生产中，如何预防或减轻高温伤害？

（1）种植技术调整 光照强、容易发生高温伤害的葡萄园，采用南北行种植，采用新梢平缚或下垂的架式；疏粒应及早进行，太晚容易在高温天气增加果穗水分的蒸散，诱发果实日灼；采用避雨栽培模式，或果穗用报纸打伞，或套透气性好的优质果袋。增加果穗周边的叶片数，采取轻简化副梢管理方式。

（2）平衡树势，控氮增钙　增施有机肥，改良土壤结构，保持土壤良好的通透能力，严格控制前期氮化肥使用量，控制树势，养根壮树，避免新梢徒长。喷布氨基酸钙可提高果实钙含量，提高保水抗高温能力，提高叶片光合效能，减轻高温的伤害。

（3）科学灌溉　适时灌水，尤其是套袋前后要保持土壤适宜的水分含量。盛夏要注意灌溉时间，避免高温时段浇水，可在下午五六时至早晨浇水。生草或覆草等有利于降低小环境温度，保持土壤水分，减少气灼或日灼。

115. 在葡萄生产中，如何预防或减轻雹灾危害？

（1）雹灾特征　冰雹是强对流天气过程产生的结果。春夏之交，气温逐渐升高，大气低层受热增温，当有较强的冷空气侵入时容易形成强烈的对流，有利于发展成积雨云，积雨云是冰雹天气的主要云系。雹灾季节变化明显，春夏为全国降雹的主要时段，雹灾尤其集中出现在5、6、7月；降雹与成灾在空间分布上有明显的差异，北方雹灾多于南方。冰雹发生有很强的局域性，雹区呈带状，出现范围较小，时间短促。一天之中雹灾多出现于午后和傍晚。冰雹来势猛、强度大，常伴随狂风、强降水等阵发性灾害性天气。冰雹会对葡萄枝叶、茎秆和果实产生机械损伤，造成减产或绝收。

（2）雹灾后管理措施　①喷施杀菌剂：雹灾过后，葡萄果实和叶片破损受伤，容易引发病害的发生，因此应立即喷施保护性杀菌剂如波尔多液和代森锰锌等，并混加内吸性杀菌剂预防白腐病和灰霉病等果实病害。②清理果园，降低负载：喷施杀菌剂后，及时清理果园，清除落地果、叶；对于叶片受损较重的果园，根据叶片受损程度相应疏穗降低负载，同时保留萌发的副梢叶进行补偿。③叶面喷肥：雹灾过后增加叶面肥的喷施次数，提高叶片光合效能，促进花芽分化，促进枝条成熟，提高树体越冬性能。

（3）防雹网　在雹灾多发区利用防雹网防灾是葡萄生产中抵御自然灾害的有效方法，河北林科院在怀来葡萄产区推广应用防雹网取得了良好效果，架网葡萄园比无网灾后管理园增收 6 600 元／亩。此外，防雹网还可以同时防鸟害，对减少葡萄损失效果明显。①防雹网的选择：防雹网材质以尼龙网为主，一般分为三合一、六合一、九合一三种，其使用年限为 5 ～ 10 年。网眼边长以≤ 1.5cm、≥ 1.2cm 为宜，越小防雹效果越好。②防雹网的架设。A. 设置支架：新建园，防雹网支架的设置与葡萄立柱合二为一，但要求作为防雹网的支架立柱较原有设计长度增加 60cm，其中地下多埋 10cm，地上多留 50cm，以增加稳定性和承载防雹网的能力。 老园、已经建好的园子一般立柱高度不足 2m，因此需要增高。可选取木杆，将表面刮光滑，顶部锯成平面，下边削成马蹄形，然后用直径 10 ～ 12mm 的铁丝将木杆绑扎在原立柱上，木杆在支架上面留 50cm、下面留 30cm，和原支架绑紧。B. 设置网架：支架（立柱）架好后，用已备好的直径 4.064mm 的 8 号镀锌铁丝、直径 3.251mm 的 10 号镀锌铁丝或者钢丝架设网架。先架边线，葡萄园四周边线采用直径 4.064mm 以上的镀锌铁丝双股，然后从边线引横线竖线形成 2.5m×6m 网架，网架要用紧线器拉紧。C. 布网：网架架好后，把已备好的防雹网平铺在网架上，拉平拉紧，在中间和边缘用尼龙绳或直径 0.9mm 的 20 号细铁丝固定。

（4）压网　防雹网架设好后上面用尼龙绳将防雹网固定。风大的地方需用细竹竿或细木棍与铁丝网架绑紧。